伴生分蘖洋葱调控
番茄黄萎病抗性的机理研究

付学鹏　著

黑龙江大学出版社
HEILONGJIANG UNIVERSITY PRESS
哈尔滨

图书在版编目（CIP）数据

伴生分蘖洋葱调控番茄黄萎病抗性的机理研究 ／ 付
学鹏著 . -- 哈尔滨 ： 黑龙江大学出版社，2023.7
　ISBN 978-7-5686-0953-1

　Ⅰ . ①伴… Ⅱ . ①付… Ⅲ . ①分蘖期－洋葱－作用－
番茄－黄萎病－抗性－研究 Ⅳ . ① S436.412.1

中国国家版本馆 CIP 数据核字（2023）第 048317 号

伴生分蘖洋葱调控番茄黄萎病抗性的机理研究
BANSHENG FENNIE YANGCONG TIAOKONG FANQIE HUANGWEIBING KANGXING DE JILI YANJIU
付学鹏　著

责任编辑　高　媛
出版发行　黑龙江大学出版社
地　　址　哈尔滨市南岗区学府三道街 36 号
印　　刷　北京虎彩文化传播有限公司
开　　本　720 毫米 ×1000 毫米　1/16
印　　张　13.5
字　　数　221 千
版　　次　2023 年 7 月第 1 版
印　　次　2023 年 7 月第 1 次印刷
书　　号　ISBN 978-7-5686-0953-1
定　　价　54.00 元

本书如有印装错误请与本社联系更换，联系电话：0451-86608666。

前　　言

　　国内外大量研究表明,间套作(伴生)可以抑制作物的病虫害。很多国家和地区在生态农业生产中都积极利用间套作开展病虫害的防治工作,这是利用农艺技术开展生物防控病虫害的有效手段。最近几年,越来越多的人开始研究间套作防治病虫害的机制,以便更好地防控病虫害。

　　伴生栽培是间套作的一种特殊形式,是指利用植物间"相生相克"的原理,挑选具有特殊作用且不以其产量为目标的植物,相间种植在主栽作物的旁边,以达到某种目的的栽培方式,这种特殊挑选的植物称为"伴生植物"。本书以前期发现的伴生植物分蘖洋葱为研究对象,采用生理生化和分子生物学等手段揭示了分蘖洋葱调控番茄黄萎病抗性的机制。本书在内容上的创新点不同于其他间套作研究,一是植物种间互作诱导植物根系分泌物产生抑菌活性。前人的研究普遍关注间套作中一种作物的根系分泌物对另一种作物的致病菌产生抑制作用。本书的研究发现,伴生分蘖洋葱栽培过程中并非是分蘖洋葱根系分泌物对番茄黄萎病菌产生抑制作用,而是伴生栽培改变了番茄根系分泌物的组成及含量,进而对黄萎病菌生长和孢子萌发产生抑制作用;这个结果证明了植物种间相互作用可以诱导根系分泌物对病原菌的抑制活性,从而增强番茄对病菌的防御能力。二是本书通过 RNA 测序和生理生化手段初步明确了伴生分蘖洋葱调控番茄黄萎病抗性的机制;通过调控抗病相关基因的表达以及抗病相关物质的含量和活性提高了番茄对黄萎病的抗性,进而减轻番茄黄萎病害。三是发现硫在分蘖洋葱-番茄-黄萎病菌三者种间互作中发挥重要作用,这对于全面揭示植物种间互作提高植物抗病性的机制具有重要意义。

　　间套作(伴生)是园艺生产中一种重要的作物栽培方式。本书第 1 章绪论部分综述了国内外大量的间套作模式及其防治的病虫害;第 2 章介绍了伴生分蘖洋葱防治番茄黄萎病的效果及对番茄产量和品质的影响;第 3 章介绍了伴生

1

分蘖洋葱诱导番茄根系分泌物产生抑菌效应;第 4 章介绍了伴生分蘖洋葱能够诱导番茄抗病相关基因表达,提高番茄抗性;第 5 章介绍了伴生分蘖洋葱调控番茄对黄萎病菌的抗性生理响应;第 6 章介绍了矿质元素硫在番茄抗黄萎病中发挥的重要作用。本书系统阐明了间套作系统中通过植物间相互作用诱导植物抗性增加,从而减轻植物病虫害的机制。本书可为从事园艺生产的技术人员、园艺专业的教师和学生及相关研究人员提供理论参考和指导。

本书在出版过程中受到新农科研究与改革实践项目(2020220)资助,特此表示感谢。

付学鹏

2023 年 3 月

目　　录

第 1 章

绪论

1.1　本书的研究目的与意义

　　番茄(*Solanum lycopersicum*)俗称西红柿,果实营养丰富,深受人们喜爱,是世界上也是我国栽培面积最大的果蔬品种之一。随着生活水平的提高,人们对番茄的需求量也越来越大。为了满足人们的需求,种植者往往对番茄常年连续单一种植(连作)。这种连作方式导致土壤理化性质发生改变、微生物群落结构失调、植物土传病害增加,严重影响着番茄植株的生长、果实产量和品质。番茄黄萎病是由大丽轮枝菌(*Verticillium dahliae*)(也称黄萎病菌)引起的植物土传病害,是番茄生产中的主要土传病害之一。在世界各地,如加拿大、美国、比利时等国都有报道,近年来在我国新疆、黑龙江、山西等地也发现此病害。

　　当前,番茄生产中的病虫害控制主要是依靠农药,但农药的施用会污染环境。因此,寻找有效控制病虫害并且减少农药施用的环境友好型的农业管理措施引起人们的广泛关注。国内外大量研究证明,作物间作可以缓解病虫害,是减少农药施用量、促进农业可持续发展的有效农业管理措施。在番茄生产中,人们也发现了许多有效防控番茄病虫害的间作模式,如白芥(*Sinapis alba* L.)、万寿菊(*Tagetes erecta* L.)和茼蒿(*Chrysanthemum coronarium* L.)分别和番茄间作(伴生),都能抑制根结线虫侵染番茄;番茄和草坪草间作可以控制番茄叶枯病;番茄和豇豆间作,可以控制番茄细菌性枯萎病;番茄和玉米间作,可以控制番茄白粉虱,以及黄化卷叶病、番茄壳针孢叶斑病和番茄白粉病;番茄和万寿菊间作可以控制番茄早疫病;伴生分蘖洋葱可以降低番茄灰霉病的发病率。从以上的报道中可以看出,利用间作(伴生)是生态农业中防控番茄病虫害的有效手段。

　　国内外研究表明,葱属植物能够抑制植物病虫害,如大蒜和洋葱分别与小扁豆(*Lens culinaris* Medic.)间作,能够显著降低小扁豆猝倒病和根腐病的发病率;轮作和间作韭菜(*Allium tuberosum*)能够抑制香蕉枯萎病;大葱(*Allium fistulosum* L.)的根系分泌物对黄瓜专化型尖孢镰刀菌的菌丝生长具有抑制作用;韭菜的根系分泌物能够抑制香蕉专化型尖孢镰刀菌的菌丝生长和孢子萌发。分蘖洋葱(*Allium cepa* L. var. *agrogatum* Don.)俗称毛葱或珠葱,是洋葱的一个变种,也是葱属植物,肉质鳞茎营养丰富,具有较好的保健作用和药用价值,在黑龙江、吉林以及山东等省广泛种植。在农业生产实践中,观察到轮作分蘖洋葱可以降低后茬蔬菜作物的发病率;前人研究也发现,分蘖洋葱鳞茎粗提物对西瓜枯萎病病原菌的菌丝生长、孢子萌发、产孢量均有一定的抑制作用;分蘖洋葱根系分泌物能够抑制引起黄瓜和番茄枯萎病的尖孢镰刀菌的生长和孢子萌发;将分蘖洋葱与其他作物伴生栽培可以减轻作物的病虫害,如菜豆细菌性疫病和番茄灰霉病。黄萎病是番茄的主要土传病害之一,本书的研究以番茄和分蘖洋葱为研究对象,调查伴生分蘖洋葱对番茄黄萎病及番茄产量和品质的影响;研究分蘖洋葱和番茄根系分泌物对 *V. dahliae* 的影响;运用 RNA 测序(RNA-seq)等分子生物学技术和生理生化手段探索伴生栽培中番茄对 *V. dahliae* 侵染的抗性响应,以揭示伴生分蘖洋葱减轻番茄黄萎病的分子和生理生化机制,为分蘖洋葱伴生番茄栽培模式应用提供理论指导;同时有助于更加深入地理解和应用伴生栽培技术,为相关研究提供参考。

1.2 国内外研究的动态和趋势

1.2.1 间作(伴生)控制作物病虫害的研究现状

国内外大量研究表明,间作(伴生)可以抑制作物的病虫害。很多国家和地区在生态农业生产中都积极利用间作开展病虫害的防治工作。应用领域主要涉及蔬菜生产、农业粮食作物生产。表 1-1 简要总结了近年来世界各国利用间作开展病虫害防治的研究现状。

表 1-1　间作(伴生)防控作物病虫害汇总表

间作作物	控制病虫害名称	地点	作者
马铃薯/玉米,扁豆	马铃薯细菌性枯萎病	中国	Autrique 等人
马铃薯/玉米	马铃薯早疫病	印度尼西亚	Potts 等人

续表

间作作物	控制病虫害名称	地点	作者
马铃薯/洋葱,大蒜	马铃薯叶蚜虫、叶跳虫	埃及	Mogahed 等人
番茄/豇豆	番茄细菌性枯萎病	中国	Michel 等人
番茄/玉米	番茄叶斑病	印度	Kumar 等人
番茄/黄瓜,玉米,大豆,黄秋葵,甘薯	番茄白粉虱和黄化卷叶病	中国	Yin 等人
番茄/万寿菊,苋菜	番茄早疫病	墨西哥	Gómez-RodríGuez 等人
番茄/草坪草	番茄枯萎病	日本	Xu 等人
番茄/玉米	番茄壳针孢叶斑病	印度	Kumar 等人
番茄/玉米	番茄白粉病	中国	Wu 等人
番茄/茼蒿	番茄根结线虫	中国	Dong 等人
番茄/分蘖洋葱	番茄灰霉病	中国	吴瑕等人
大白菜/大蒜	小菜蛾幼虫	中国	Cai 等人
芥菜/芫荽	芥菜蚜虫	孟加拉国	Noman 等人
大蒜/芸薹属植物	大蒜白腐病	埃塞俄比亚	Zewde 等人
黄瓜/芹菜,莴苣,生菜,菠菜,苋菜	黄瓜白粉虱	中国	Zhao 等人
黄瓜/小麦,毛野豌豆,三叶草	黄瓜角斑病、白粉病、霜霉病和枯萎病	中国	吴凤芝等人
青菜/大豆,芋头	斜纹夜蛾	中国	Wan 等人
西瓜/陆稻	西瓜枯萎病	中国	Ren 等人
西瓜/小麦	西瓜枯萎病	中国	Xu 等人

续表

间作作物	控制病虫害名称	地点	作者
柑橘/藿香	疫霉病、腐霉病	中国	Kong 等人
甘蔗/玉米	甘蔗棉蚜	中国	张红叶等人
甘蔗/大豆,辣椒,花生,玉米	甘蔗棉蚜	中国	施立科等人
棉花/刺田菁	棉花根腐病	印度	Marimuthu 等人
棉花/小麦	棉铃虫	中国	Ma 等人
香蕉/韭菜	香蕉枯萎病	中国	Zhang 等人
大豆/玉米	大豆红冠腐病	中国	Gao 等人
豇豆/玉米、木薯	豇豆细菌性疫病	贝宁	Sikirou 等人
豇豆/高粱	豇豆蚜虫	尼日利亚	Hassan 等人
小扁豆/小茴香,大茴香,洋葱,大蒜	小扁豆猝倒病和根腐病	埃及	Abdel-Monaim 等人
菜豆/分蘖洋葱	菜豆细菌性疫病	中国	刘守伟等人
蚕豆/大麦,燕麦,小黑麦,小麦	蚕豆褐斑病	埃及、巴基斯坦、西班牙、突尼斯	Fernandez-Aparicio 等人
蚕豆/马铃薯	蚕豆赤斑病	中国	杜成章等人
蚕豆/小麦	蚕豆枯萎病	中国	杨智仙等人
豌豆/蚕豆,大麦,燕麦,黑小麦,小麦	豌豆枯萎病	西班牙	Fernandez-Aparicio 等人
玉米/白刀豆,黧豆	玉米短体线虫	肯尼亚	Arim 等人
辣椒/玉米	辣椒疫病和玉米斑病	中国	孙雁等人

续表

间作作物	控制病虫害名称	地点	作者
辣椒/玉米	辣椒疫病	中国	Yang 等人
小麦/三叶草	小麦壳针孢叶斑病	爱尔兰	Bannon 等人
小麦/蚕豆	小麦锈病	中国	肖靖秀等人
水稻/菱角	水稻纹枯病和稻瘟病	中国	Qin 等人
水稻/水芹	水稻稻瘟病和稻飞虱	中国	向慧敏等人
木薯/高粱,豇豆	木薯细菌性枯萎病	西非	Zinsou 等人
烟草/大蒜	烟草青枯病	中国	Lai 等人

注:"/"表示间作(伴生),"/"前面的植物指病虫害的寄主植物,后面的植物指间作或伴生的植物。

1.2.2　伴生栽培研究现状

伴生栽培是间作的一种特殊形式,是指利用植物间"相生相克"的原理,挑选具有特殊作用且不以其产量为目标的植物,相间种植在主栽作物的旁边,以达到某种目的的栽培方式。这种特殊挑选的植物称为"伴生植物"。表1-2总结了国内外关于伴生栽培的研究报告。东北农业大学吴凤芝课题组对伴生栽培研究较多,并且主要用于蔬菜生产中。他们从多种伴生植物中筛选出具有良好促生和抑病效果的两种伴生植物——小麦和分蘖洋葱,研究的焦点在于伴生植物对蔬菜作物地上部分的生长、产量、病害防治以及土壤生态学的影响。山东省农业科学院的研究人员也发现,大葱伴生栽培影响黄瓜根区土壤微生物群落的多样性,促进番茄生长;山东农业大学史庆华等人用紫背天葵伴生番茄防治番茄根结线虫。在粮食作物生产中,中国科学院寒区旱区环境与工程研究所用一年生草本植物箭舌豌豆与玉米在沙区伴生栽培,提高玉米矿质营养水平。国外的伴生栽培研究集中于林木和牧草的矿质元素转化方面,特别是氮,以及利用伴生植物颜色和发出的气味防治虫害;也有研究蔬菜生产的,如意大利的Colla 等人利用猪毛菜作为伴生植物在盐碱地中伴生种植辣椒,可以改善土壤理化环境,提高辣椒产量。Hooks 等人用绛车轴草(*Trifolium incarnatum* L.)作为伴生植物促进茄子生长和减少病虫害。

从国内外的研究现状可以看出,在国内,伴生栽培主要是用于蔬菜生产中,研究的重点在于地下部的种间相互作用及对土传病害的防治和作物生长的影响和机制;而在国外,伴生栽培主要用于林木、牧草以及蔬菜,研究的重点在于氮的转移及病虫害防治。研究表明,伴生植物防治作物病虫害具有种及品种的特异性,并不是所有的伴生植物都能够防治主栽作物的病虫害,有的甚至会加重病虫害(表 1-2)。

表 1-2　国内外蔬菜和粮食生产中伴生栽培现状

伴生植物	主栽作物	生态效应	国家	作者
小麦	西瓜	促进西瓜生长,抑制西瓜枯萎病,改变土壤微生物多样性	中国	Xu 等人
小麦	黄瓜	促进黄瓜生长,延缓黄瓜植株衰老,提高黄瓜根际土壤酶的活性和土壤细菌群落结构多样性,提高黄瓜对霜霉病的抗性	中国	韩哲等人
分蘖洋葱	番茄	降低番茄灰霉病	中国	吴瑕等人
分蘖洋葱	菜豆	促进菜豆生长,降低细菌性疫病发病率	中国	刘守伟等人

续表

伴生植物	主栽作物	生态效应	国家	作者
大葱	黄瓜,番茄	改变黄瓜根际土壤微生物多样性;提高番茄光合作用和植株长势	中国	夏秀波等人
紫背天葵	番茄	防治番茄根结线虫	中国	史庆华等人
猪毛菜	辣椒	改善土壤理化环境,提高辣椒产量	意大利	Colla 等人
绛车轴草	茄子	促进茄子生长和减少病虫害	美国	Hooks 等人
矢车菊	卷心菜	吸引害虫天敌,减少虫害	瑞士	Balmer 等人
矮菜豆,亚麻,万寿菊	马铃薯	对马铃薯甲虫没有缓解作用	加拿大	Moreau 等人
番茄	甜玉米	缓解甜玉米鞘翅目瓢虫	美国	Seagraves 等人
芥菜,莳萝,茴香,荞麦	羽衣甘蓝	对缓解羽衣甘蓝蚜虫无显著作用	美国	Moreno 等人
万寿菊,白芥,生菜	番茄	减少番茄根结线虫危害;改善番茄品质;白芥降低番茄产量	保加利亚	Tringovska 等人

续表

伴生植物	主栽作物	生态效应	国家	作者
臂形草,金钱草	玉米	增加玉米产量,缓解寄生野草独脚金和螟虫的危害	肯尼亚,乌干达,坦桑尼亚	Midega 等人
三叶草	卷心菜	缓解虫害	英国	Morley 等人

1.2.3 间作(伴生)防控作物土传病害的机制研究进展

在作物的多种病虫害中,土传病害的防治要更为艰难,因为土传病害的病原体在土壤中可存活多年,常规的杀虫剂也不容易起到作用。从表1-1的总结中可以看出,间作(伴生)防控作物病虫害的现象已成为不争的事实。最近几年,对于间作防控土传病害的研究不仅仅局限于现象和应用,越来越多的人开始研究其防治机制,以便更好地防控土传病害。显而易见的是,防治作物土传病害的途径主要有两个:一是杀死土壤中的病原体或减少病原体对植物体的侵染;二是提高作物的抗性。间作(伴生)防控土传病害的途径也不外乎这两个。

1.2.3.1 根系分泌物对病原体的抑制作用

根系分泌物是植物在正常的生命活动中通过根系向根际分泌的各种物质的总称,包括各种有机酸、蛋白质、糖类、固醇类等物质,它们在土壤中的含量很小,但是功能却很强大。不同种类植物的根系分泌物的组成和含量各不相同,禾本科作物如小麦、玉米根系分泌的丁布(异羟肟酸类物质)具有广谱的抗菌活性,在其他种类植物根系分泌物中鲜有报道。矢车菊根系分泌的儿茶素、黑胡桃根系分泌的胡桃醌都具有一定的生物活性。当两种或者多种作物种植在一起时,一种作物的根系分泌物中的活性物质是否会对与其间作的作物的某种致病微生物产生抑制作用,进而减少病原体对寄主植物的侵染,从而降低发病率和病情指数?这一假设在研究中得到了证实。Kong 等人发现在柑橘园中间种藿香可抑制土壤真菌性病原菌,并认为这种抑制作用和藿香向土壤中释放的化感物质黄酮、胜红蓟素有显著关联。西瓜/水稻间作能够缓解西瓜枯萎病,并且水稻根系分泌物中的对羟基肉桂酸能够抑制尖孢镰刀菌(FON)的孢子萌发和孢子形成。小麦作为伴生植物可以降低西瓜枯萎病的发病率,这和小麦的根系分泌物能够抑制尖孢镰刀菌的生长有一定的关系。大豆/玉米间作,根际土壤中的肉桂酸能够抑制黑腐病菌的生长;辣椒/玉米间作,玉米根系分泌的丁布等活性物质能够抑制辣椒疫霉菌的生长。体外试验还发现,分蘖洋葱根系分泌物能够抑制尖孢镰刀菌的孢子萌发、菌丝生长、生物量和孢子形成。这些研究结果充分证明根系分泌物在抑制土传病害方面发挥重要的作用。

值得注意的是,这些研究都是集中于一种植物的根系分泌物对与其间作的另一种植物的致病菌的抑制作用。这就提出一个新的问题:间作(伴生)之后,植物间的种间互作能不能诱导寄主植物的根系分泌物发生变化,继而对病原菌产生抑制作用。Hage-Ahmed 等人曾做过研究,把丛枝菌根真菌(AMF)和 FON 共同接种于番茄植株后收集其根系分泌物,发现其根系分泌物对 FON 的抑制作用要显著高于对照组(未接种 AMF 和 FON)以及只接种其中一种(AMF 或 FON)的番茄根系分泌物;并且共同接种后,根系分泌物中具有抑菌活性的绿原酸含量显著高于对照组以及只接种其中一种(AMF 或 FON)的番茄根系分泌物。这说明接种 AMF 后诱导番茄根系分泌出了大量的活性物质如绿原酸抑制 FON。Gao 等人也发现大豆/玉米间作,间作植物的根际土壤中的肉桂酸量显著增加并能够抑制黑腐病菌的生长,但是尚未确定增加的肉桂酸是大豆还是玉米根系分泌的。间作可以改变两种植物的根系分泌物组分,但是尚未有关于植物与植物间作之后诱导寄主植物根系分泌物产生抑菌活性的报道。

1.2.3.2 根系分泌物介导的土壤微生物多样性抑制病原菌

很多研究表明,土壤微生物多样性对土传病害具有一定的抑制作用。它们通过对病原菌的营养竞争、拮抗作用或直接杀死病原菌的孢子而使作物免受病原菌的伤害;微生物群落结构越丰富、多样性越高,对抗病原菌的综合能力就越强。西瓜/水稻间作,改变了西瓜根际土壤微生物群落结构,增加了细菌数量,降低了真菌数量,从而抑制了尖孢镰刀菌,降低了西瓜枯萎病病害。吴凤芝等人用小麦、毛野豌豆和三叶草分别伴生黄瓜,都能显著提高黄瓜根际土壤微生物群落多样性,降低黄瓜白粉病、霜霉病、枯萎病和角斑病。Zhou 等人也发现黄瓜/洋葱间作,可显著提高黄瓜根际土壤细菌的多样性。在小麦/西瓜、花生/苍术、辣椒/大蒜、大蒜/当归、蚕豆/小麦等间作系统中都观察到此现象。这些研究结果证实间作可以改变土壤微生物群落结构,改善土壤环境。在众多的土壤微生物中,AMF 能和大多数的维管植物形成菌根共生关系,控制植物病害,特别是土传病害。番茄和韭菜间作,番茄根中的 AMF 定植率比单作高出 20%;多作物混植可以增加花生的 AMF 定植率。因此,在间作中,由于作物的多样性会影响 AMF 的群落结构,从而对病虫害产生影响。

作物间作改变土壤微生物多样性可能和作物的根系分泌物有关。Bacilio-Jimenez 等人发现,水稻的根系分泌物能够诱导内生菌的趋药性;苜蓿根系分泌的黄酮类物质能够诱导真菌孢子萌发和菌丝生长;菜豆根系分泌物中黄酮类物质能促进金黄杆菌属(*Chryseobacterium balustinum*)的生长。杨智仙等人研究认为,间作中根系分泌物-根际微生物的互作是影响蚕豆枯萎病抗性的重要原因。因此,在间作系统中,根系分泌物改变了土壤微生物的多样性,抑制了病原菌,有助于降低作物的发病率。除了根系分泌物和微生物的作用,间作还可以形成物理屏障阻挡孢子扩散以及改变局部的气候环境抑制病原菌生长,如玉米/辣椒间作,玉米的根系形成"根墙"阻挡游动孢子的扩散;番茄/万寿菊间作改变了番茄的地上部微环境,降低了茄链格孢菌的孢子发育。

1.2.3.3　种间相互作用增强植物抗病性

在间作中,存在着植物-植物、植物-微生物的相互作用。种间相互作用能提高作物抗性基因的表达和抗性相关酶的活性,提高植物抗性。玉米/大豆间作,提高了大豆 *PR*(病程相关蛋白)基因的表达以及防御酶的活性,表现出对病原体的抗性。小麦伴生西瓜,西瓜根系苯丙氨酸解氨酶和多酚氧化酶活性提高,根系内抗病物质如黄酮类化合物、总酚和木质素含量增加,以及茉莉酸合成、莽草酸-苯丙烷-木质素代谢途径相关基因的表达量增加,增强了西瓜对尖孢镰刀菌的抗性。拟南芥和绿毛山柳菊相互作用,拟南芥根系的 *PR* 基因表达上调。不同的作物间作,存在着空间和营养的竞争,植物对这种"入侵"的生物胁迫会产生抗性响应,如诱导根系分泌物中化感物质发生变化以及 *PR* 基因的上调表达,产生出对逆境的"免疫";当有病原菌侵害时,这种"免疫"作用可能会迅速启动防御机制,从而降低病原菌的侵害。植物种间相互作用具有增强作物抗病性的潜力,因为根系分泌物中的一些化感物质可能会诱导与其毗邻植物的抗性响应,如(±)-儿茶酸是矢车菊属植物释放的化感物质,外施(±)-儿茶酸能够提高拟南芥对细菌性病原菌的抗性和 $PR1$ 基因的表达。外施水杨酸(根系分泌物中的酚酸物质)可以诱导番茄和大豆的抗病性。但是,目前尚缺少植物种间相互作用增强作物抗病性的系统研究,值得深入研究。

1.2.3.4 改善土壤矿质营养提高作物抗病性

矿质营养是植物生长发育所必需的物质,它可以作为植物组织的构成成分(如氮、磷)或直接参与新陈代谢(如钙、镁、钾)而起作用,也可通过改变植物的形态和解剖结构,如使表皮细胞加厚、木质化或硅质化,形成机械屏障增强其物理抗病能力。云南农业大学的汤利和郑毅课题组在间作过程中通过改善作物营养控制作物病害方面的研究比较多,如小麦/蚕豆间作,提高了小麦体内的氮、磷、钾含量,降低了小麦白粉病和锈病的发病率;同时,也改善了蚕豆的锰营养,降低了蚕豆赤斑病的发生。但是,关于在间作过程中通过改善作物矿质营养提高作物抗性的研究尚未见报道,值得深入研究。

第 2 章

伴生分蘖洋葱对番茄黄萎病
及产量和品质的影响

2.1　引言

作物间作可以缓解作物的土传病害,禾本科作物小麦、旱稻、玉米与其他作物间作都可以缓解土传病害,如西瓜/旱稻间作,小麦伴生西瓜可以减轻西瓜枯萎病的发病率;玉米/大豆间作,可以控制大豆的红冠根腐病;玉米/辣椒间作,可以缓解辣椒疫霉病。对于番茄种植来说,番茄/豇豆间作,可以缓解番茄细菌性枯萎病;番茄/万寿菊间作可以控制番茄早疫病;番茄/茼蒿间作可以控制番茄根结线虫。这些研究证实,作物的相间种植确实可以缓解作物的一些病害,从而减少化学农药的使用量,对于改善土壤环境,减少果蔬的农药残留具有重要意义。

很多研究表明,葱属作物对于其他作物的病虫害有不同程度的防控作用。如大蒜/烟草间作可以抑制烟草的细菌性枯萎病;洋葱、大蒜与小扁豆间作,可以抑制小扁豆的猝倒病和根腐病。分蘖洋葱也是百合科葱属草本植物,它的鳞茎粗提物能够抑制西瓜枯萎病病原菌的生长和孢子萌发,它的根系分泌物能够抑制引起黄瓜和番茄枯萎病的尖孢镰刀菌;伴生分蘖洋葱可以降低菜豆细菌性疫病和番茄灰霉病的发病率。由此可见,分蘖洋葱也是一种比较好的伴生作物,其根系分泌物的抑菌作用使得它具有缓解土传病害的潜力。将分蘖洋葱作为伴生作物有可能会减轻番茄的黄萎病。但是,将分蘖洋葱伴生在番茄的周围,会不会因为种间的相互作用如营养竞争、分蘖洋葱挥发物的影响等因素影响番茄的产量和品质? 因此,本书研究利用盆栽试验调查伴生分蘖洋葱对番茄黄萎病的影响;用田间试验调查伴生分蘖洋葱对番茄产量和果实品质的影响,以期明确伴生分蘖洋葱对番茄黄萎病害及产量和品质的综合影响。

2.2　材料与方法

2.2.1　试验材料

番茄品种为"齐研矮粉",商品性好但易感黄萎病,种子购于齐齐哈尔市蔬菜研究所。土壤为东北农业大学设施园艺工程中心塑料大棚番茄多年连作土壤。分蘖洋葱品种为"绥化",由东北农业大学园艺学院蔬菜生理生态研究室收集、自繁,并保存于东北农业大学种子库。草炭土、珍珠岩为商购。

2.2.2　试验器材

立式压力蒸汽灭菌器(LDZM-60KCS)、人工气候箱(MGC-350BP)、生化培养箱、超净工作台(BCN-I 360B)、塑料花盆(12.5 cm×10 cm×15 cm,花盆口直径×花盆底直径×花盆高度)、恒温摇床(ZHWY-2102)、电子天平(ALC-210.4)、阿贝折射仪(WYA-2S)、微量移液器、血球计数板、生物显微镜(XSP-36)、紫外分光光度计(UV2000)、电子恒温水浴锅(HH4)、碱式滴定管。

2.2.3　试验试剂

琼脂糖、葡萄糖、氢氧化钠、蒽酮、浓硫酸、2,6-二氯靛酚、柠檬酸、偏磷酸、盐酸、抗坏血酸、次氯酸钠。所有药品均为分析纯。

2.2.4　试验设计及方法

2.2.4.1　番茄育苗

番茄种子用3.8%的次氯酸钠消毒10 min,用无菌水冲洗3次,30 ℃水浴中催芽6 h,然后均匀撒于铺有无菌纱布的培养皿中,加适量无菌水(种子湿润,但是不能淹没在水中),然后置于28 ℃生化培养箱中,黑暗中温育1~2天。待种子露白后,将种子均匀播于无菌的高压蒸汽灭菌的基质(蛭石∶草炭灰=1∶1)中,置于28 ℃生化培养箱中催芽。待子叶出土后,转入人工气候箱中,培养条件为16 h/8 h(白天/黑夜),白天温度为25 ℃,湿度为50%;夜间温度为19 ℃,湿度为30%。待幼苗第二片真叶长出,转移至塑料大棚并分苗于装有育苗土的塑料钵中,培养至第四片真叶出现。

2.2.4.2　病原菌培养及孢子悬浮液制备

番茄黄萎病菌为大丽轮枝菌生理小种 1,由东北农业大学番茄育种团队馈赠。黄萎病菌在 PDA 培养基上 25 ℃恒温黑暗培养,待菌丝长满平板(直径 10 cm)后,用少量无菌水冲洗菌丝数次,合并冲洗液,用血球计数板在生物显微镜下计数,制成每毫升含 $1.0×10^7$ 个孢子的孢子悬浮液,用于侵染番茄苗。

2.2.4.3　盆栽试验

伴生分蘖洋葱对番茄黄萎病的影响研究采用盆栽试验。试验设两个处理,番茄单作(TM):一株番茄单独种植于一个盆(12.5 cm ×10 cm×15 cm)中;分蘖洋葱伴生番茄(TC):番茄和分蘖洋葱共生于盆中,一个盆中栽种一株番茄,距其 5~10 cm 处呈半圆形栽种 2 个分蘖洋葱鳞茎(若鳞茎小则栽种 3 个)。每盆装有 1 kg 高压蒸汽灭菌(121 ℃,30 min)三次的番茄连作土壤。番茄定植时同时栽种分蘖洋葱。试验采用随机区组设计,每个小区每个处理 10 盆,共 3 个小区。定植前,四叶期的番茄幼苗和分蘖洋葱鳞茎先用自来水冲洗干净,然后用无菌水冲洗三次。番茄生长过程中按照番茄的需求浇水,所用水为高压蒸汽灭菌的自来水(121 ℃,30 min)。人工除草,不使用农药。自分蘖洋葱栽种之日起,开始计算伴生时间。伴生 20 天后,采取灌根的方法给番茄幼苗接种黄萎病菌:每株番茄根部浇灌 20 mL(每毫升含 $1.0×10^7$ 个孢子)孢子悬浮液。每天观察番茄苗变化,并记录发病情况。试验分别于 2014 年秋、2015 年夏和秋在东北农业大学设施园艺工程中心塑料大棚中进行。

2.2.4.4　田间试验

伴生分蘖洋葱对番茄产量和果实品质的影响研究采用田间试验,于 4 月 20 日~8 月 15 日在东北农业大学设施园艺工程中心塑料大棚中进行。试验共设两个处理,即番茄单作(TM)和分蘖洋葱伴生(TC),同 2.2.4.3。与 2.2.4.3 不同的是伴生的分蘖洋葱鳞茎数为 4 个(较大的鳞茎栽种 3 个),分蘖洋葱直线排列于番茄一侧的垄上。采用随机区组设计,每个小区每个处理 20 株番茄,共 3 个小区。每个小区每个处理随机选择 10 株番茄挂牌标记,用于记录产量和测定果实品质,效果见图 2-1。番茄株距 40 cm,行距 50 cm。塑料大棚土壤化学性质:pH 值为 6.55($m:V=1:5$,土壤样品质量和去离子水体积的比值);电导率为 1.12 mS·cm^{-1};有机碳 28.63 g·kg^{-1};总氮 1.45 g·kg^{-1};有效氮 129.32 mg·kg^{-1};速效磷 238.54 mg·kg^{-1};速效钾 318.52 mg·kg^{-1}。番茄定植前,根据当地生产实践经验,土壤施牛粪(660 m^2 施用 5 t)以及硫酸钾复合肥(660 m^2 施用 2 kg),然后用机械旋耕。按照番茄的生长习性进行水分和温度管理,使用水为地下水。日间温度保持 25~35 ℃,夜间温度保持 20~30 ℃。

图 2-1 田间试验图

2.2.4.5 调查和取样分析

对于发病情况的调查,自发现叶面出现症状起,每隔 3 天统计一次发病率,记录发病叶片数和总叶片数。病情指数采用 Shittu 等人的方法,即根据叶的症状采用 5 级标准:0 分,健康;0.5 分,子叶全部脱落;1 分,第一片叶子发黄,软弱无力;2 分,少于 40% 的叶子感染;3 分,少于 60% 的叶子感染;4 分,少于 80% 的叶子感染;5 分,植物枯死。另外,如果植株矮小萎缩(比对照组矮 2.5 cm 以上),再额外加 0.5 分。接菌 10 天左右开始有番茄出现发病特征:叶片发黄并逐渐坏死,部分叶片枯萎,从底部叶片开始向上部叶片蔓延,在叶片的一侧开始发病逐渐向另一侧蔓延("半边疯"),叶片呈"V"形病斑,与未接菌植株相比,表现出生长迟缓(有的发育停滞),发病后期维管束变褐色。症状表现与 Robb 等人描述的发病症状一致(图 2-2)。

　　果实成熟后,每隔 2 天调查一次挂牌标记的番茄果实数和单果重。在盛果期,每个小区每个处理选择 5 个大小和成熟度一致的果实测定果实品质。番茄果实品质测定指标为可溶性固形物、可滴定酸、糖酸比、可溶性糖和维生素 C 含量。可溶性固形物的测定:将果实用刀切成 4 等份,其中一半用于测定可溶性固形物,另一半用于测定可滴定酸。可溶性固形物的测定使用阿贝折射仪根据 Turhan 和 Mamatha 等人的方法进行:取等量果肉(5 g)放在 12 层纱布中,用力挤出汁液,取一滴于阿贝折射仪上,调节阿贝折射仪,记录 Brix 值,即为可溶性固形物含量。可滴定酸用滴定法测定,根据 Liu 等人的方法进行:准确称取 5 g 番茄果肉,放在 40 mL 无 CO_2 的蒸馏水中匀浆,80 ℃温育 30 min,用滤纸过滤。取 10 mL 滤液,加入 2 滴酚酞试剂作为指示剂,用 0.1 mol·L^{-1} NaOH 溶液滴定,计算 NaOH 用量。酸度用单位鲜重的柠檬酸的百分含量表示。糖酸比用总可溶性固形物含量与可滴定酸含量的比值表示。可溶性糖含量和维生素 C 含量分别用蒽酮-硫酸法和 2,6-二氯靛酚滴定法测定。

图 2-2　番茄黄萎病症状

2.3 统计分析

两处理间的差异显著性用 SPSS 16.0 软件进行独立样本的 t 检验分析。

2.4 结果

2.4.1 伴生分蘖洋葱对番茄黄萎病发病率的影响

从图 2-3 可以看出,在 2014 年秋和 2015 年秋的盆栽试验中,接种黄萎病菌 18 天后,伴生的番茄黄萎病发病率低于单作的番茄,但是未达到统计学显著性;2015 年夏的试验中伴生的番茄黄萎病发病率显著低于单作的番茄($p \leqslant$ 0.05)。接种黄萎病菌 28 天后,除了 2015 年夏的试验,其他两次试验中伴生的番茄黄萎病发病率显著低于单作的番茄。从总的情况来看,伴生的番茄黄萎病发病率低于单作的番茄,并且在后期(28 天)的效果要比早期(18 天)好。在 3 次的试验中,接菌 18 天后,伴生分蘖洋葱后番茄黄萎病发病率比单作番茄分别降低了 24.71%、28.72% 和 16.59%;接菌 28 天后,分别降低了 27.13%、22.56% 和 20.59%。

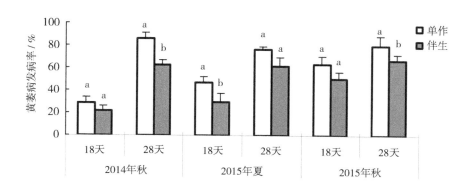

图 2-3　伴生分蘖洋葱对番茄黄萎病发病率的影响

注：图中柱形图上方的小写英文字母表示不同处理间差异显著水平
（小写字母不同代表差异显著，$p \leqslant 0.05$），下同。

2.4.2　伴生分蘖洋葱对番茄黄萎病病情指数的影响

从图 2-4 可以看出，伴生分蘖洋葱显著降低了番茄黄萎病的病情指数：在接菌后的 18 天和 28 天，除了 2014 年秋的 18 天研究结果，其他两次的试验中伴生的番茄黄萎病病情指数显著低于单作的番茄（$p \leqslant 0.05$）；在 3 次的盆栽试验中，接菌 18 天后，伴生分蘖洋葱的番茄黄萎病病情指数比单作番茄分别降低了 18.52%、26.24% 和 24.60%；接菌 28 天后，分别降低了 21.04%、25.44% 和 27.34%。

2.4.3　伴生分蘖洋葱对番茄产量的影响

从表 2-1 可以看出，在 2014 年的田间试验中，伴生的番茄小区产量、株产量、单株果实数以及小区果实数都显著高于单作的番茄，单果重在两个处理间没有显著差异；但是在 2015 年的试验中，没有观察到上述指标的显著差异。

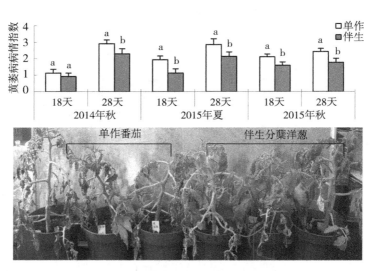

图 2-4　伴生分蘖洋葱对番茄黄萎病病情指数的影响

注:盆栽照片为接菌后 18 天拍摄。

表 2-1　伴生分蘖洋葱对番茄产量的影响

年份	处理	小区产量/kg	株产量/kg	小区果实数	单株果实数	平均单果重/g
2014	单作	31.04±1.61b	3.13±0.79b	157.7±6.4b	15.8±4.0b	198.93±33.36a
	伴生	37.52±2.26a	3.75±0.77a	185.0±12.3a	18.5±4.0a	206.05±36.20a
2015	单作	26.91±1.05a	3.03±0.52a	141.7±5.8a	15.7±2.5a	191.26±29.01a
	伴生	25.74±0.59a	2.80±0.66a	135.3±13.4a	15.0±3.6a	192.83±32.90a

注:表中数据后的小写英文字母表示不同处理间的差异显著水平

(小写字母不同代表差异显著,$p \leqslant 0.05$)。

2.4.4　伴生分蘖洋葱对番茄果实品质的影响

从表 2-2 可以看出,伴生分蘖洋葱的番茄果实中的可溶性固形物和糖酸比显著高于单作的番茄果实,可滴定酸的含量显著低于单作的番茄($p \leqslant 0.05$)。

但是可溶性糖和维生素 C 含量没有显著差异。

表 2-2　伴生分蘖洋葱对番茄果实品质的影响

处理	可溶性固形物/%	可滴定酸/%	糖酸比	维生素 C/(mg·g^{-1})	可溶性糖/(mg·g^{-1})
单作	4.22±0.28b	0.540±0.10a	8.03±0.54b	1.04±0.03a	384.85±66.31a
伴生	4.63±0.22a	0.442±0.08b	9.65±0.39a	0.98±0.04a	405.11±57.80a

2.5　讨论

很多研究证实间作(伴生)可以控制土传病害,如西瓜/旱稻间作可以有效控制西瓜枯萎病;玉米/大豆间作可以显著降低大豆红冠根腐病的发病率和病情指数;玉米/辣椒间作可以显著降低辣椒疫病的严重程度,并且玉米的间距也会影响辣椒疫病的严重程度;伴生小麦可以缓解西瓜枯萎病。番茄黄萎病是由黄萎病菌引起的严重的土传病害,本书的盆栽试验表明,伴生分蘖洋葱可以降低番茄黄萎病的发病率和病情指数(图 2-3,图 2-4)。病情指数分值越低,表明受到的伤害越轻,本书的研究中,伴生分蘖洋葱显著降低了番茄黄萎病的病情指数,说明伴生分蘖洋葱可以减轻番茄黄萎病发病的严重程度。

在 2015 年夏的试验中,在发病的早期(接菌后 18 天),伴生的番茄黄萎病发病率显著低于单作的番茄(图 2-3);但是在 2014 年秋和 2015 年秋的试验中,伴生的番茄黄萎病发病率也低于单作的番茄,但是未达到统计学的显著差异水平($p>0.05$),可能是因为接种早期番茄抗性较弱并且土壤中病原菌数量太多所致;在接菌后 28 天,2014 年秋和 2015 年秋试验中,伴生的番茄黄萎病发病率都显著低于单作的番茄。从总的趋势来看,和单作的番茄相比,伴生分蘖洋葱可以降低番茄黄萎病的发病率,特别是中后期。在本试验中,两个处理的发病率都比较高,28 天时单作的发病率超过 80%,伴生的发病率也超过 60%,原因可能有二:一是,本书研究采用盆栽人工接菌的方式,每株番茄都受到病原菌的侵染,番茄接受到的病原菌数量太多。这和其他研究者的研究不同,玉米/辣椒、玉米/大豆间作都是在田间条件下进行的,每株作物的根系接受到的病原菌数量比较少,因此降低发病率比较显著。二是,在田间,间作可以通过改变微生物的多样性等抑制土传病害,而在本试验中采用的土壤为灭菌 3 次的土壤,消除了土壤中原有的其他微生物,伴生后对于番茄黄萎病的缓解作用可能主要是番茄被诱导的抗性提高而产生的。因此,在田间栽培条件下,伴生分蘖洋葱缓解番茄黄萎病的效果可能会更好,这需要在以后继续深入研究。

在间作以及伴生系统中,作物的间距也会影响控制病害的效果,如玉米/辣椒间作,玉米的间距越小,辣椒疫病越轻。间作作物的间距也会影响主栽作物的生长、产量和品质。在农业实践中,分蘖洋葱作为伴生植物种植在番茄的一侧(垄上),分蘖洋葱和番茄的间距保持为 5~10 cm 是理想的距离,一是不会因为距离番茄太远而占据额外的土地;二是不会因为距离太近而影响番茄的生长。盆栽试验结果表明,在这个距离条件下,伴生分蘖洋葱可以减轻番茄黄萎病害,但是这个距离条件下伴生分蘖洋葱会不会影响番茄的产量和品质呢?本书的研究通过田间试验发现,番茄和伴生分蘖洋葱的距离为 10 cm,同时每株番茄植株周围栽种 4 个伴生分蘖洋葱鳞茎没有造成番茄减产(表 2-1)。另外,伴生分蘖洋葱还提高了番茄果实的可溶性固形物含量以及糖酸比,降低了酸度(表 2-2),改善了番茄果实的品质。说明这种伴生模式不仅不会影响番茄的正常生产,还会改善番茄果实的品质和口味。与本书研究相似的是,大蒜/番茄间作能够提高番茄果实维生素 C 的含量;伴生万寿菊、罗勒和莴苣也能够提高番茄果实可溶性固形物含量和维生素 C 含量,并能够降低根结线虫对番茄的侵染。

间作(伴生)中作物间的相互影响可以分为地上部的光竞争和地下部的营养、水分等竞争。在本书的研究中,显而易见的是由于伴生分蘖洋葱植株矮小,对番茄的光吸收不会造成大影响。因此,伴生分蘖洋葱对番茄品质的影响很有可能是由于改变了土壤的营养、水分、pH 值、电导率以及微生物群落等。番茄连续多年单一种植以及化肥和农药的施用会造成土壤矿质营养失衡、盐渍化、酸化现象加重,自毒物质积累,土壤菌群失调,土传病害加剧等,而作物间作可以缓解这种连作障碍,改善土壤环境,从而对作物的产量和品质产生积极的影响。在本书的研究中,由于连年的施肥及番茄单作,土壤的矿质营养处于富营养状态(本底值:有效氮 129. 32 mg · kg^{-1},速效磷 238. 54 mg · kg^{-1},速效钾 318. 52 mg · kg^{-1}),而番茄生长的最适磷含量为 90 mg · kg^{-1},因此伴生分蘖洋葱可能不会对番茄造成营养竞争。相反,伴生分蘖洋葱的介入,提高了土壤的微生物多样性,降低了土壤 pH 值,改善了土壤环境,促进了番茄的生长,改善了番茄果实品质。

　　与常规的间作不同的是,伴生分蘖洋葱是在不影响番茄株距的前提下,将伴生分蘖洋葱种植在番茄的一侧。利用伴生分蘖洋葱–番茄–土壤微生物的地下相互作用,对番茄产生积极的影响。利用分蘖洋葱作为伴生植物可以减轻番茄的黄萎病害,改善果实品质,并且对番茄的生长、产量有积极的影响。另外,伴生栽培增加了单位面积的产出,在不影响番茄产量的前提下还能够收获分蘖洋葱,额外增加了经济收入。因此,伴生分蘖洋葱栽培是番茄生产中减少农药施用、促进可持续发展的有效措施。

第 3 章

分蘖洋葱和番茄根系分泌物
对黄萎病菌的影响

3.1　引言

　　根系分泌物是植物在正常的生命活动中通过根系向根际分泌的各种物质的总称,包括糖类、蛋白质、有机酸、氨基酸、固醇类以及生长因子等物质,它们在土壤中的含量很小,但是功能却很强大。许多研究表明,根系分泌物能够抑制病原微生物,如水稻和小麦的根系分泌物能够抑制引起西瓜枯萎病的 FON 的生长和孢子萌发;番茄同时接种 AMF 和 FON 后,番茄的根系分泌物能够抑制 FON 的孢子萌发和孢子生成;分蘖洋葱根系分泌物能够抑制 FON 的孢子萌发、菌丝生长、生物量和孢子形成;玉米和大豆间作后,其根系分泌物能够抑制黑腐病菌的菌丝生长和孢子萌发。不同种类的植物其根系分泌物的组成和含量是各不相同的,利用这个原理,当两种或者多种作物种植在一起时,一种作物的根系分泌物可能会对与其间作的作物的某种致病微生物产生抑制作用,从而减轻寄主植物的病害。因此根系分泌物的抑菌作用是间作控制土传病害的潜在机制之一。

　　随着研究的深入,人们也逐渐鉴定出多种植物根系分泌物中抑制病原菌的活性物质。藿香向土壤中释放的黄酮、胜红蓟素可能会抑制土壤真菌性病原菌如疫霉菌、瓜果腐霉菌和腐皮镰刀菌。西瓜/水稻间作,水稻根系分泌物中的对羟基肉桂酸能够抑制 FON 的孢子萌发和孢子形成。大豆/玉米间作,根际土壤中的肉桂酸能够抑制黑腐病菌的生长;辣椒/玉米间作,玉米根系分泌的丁布等活性物质能够抑制辣椒疫霉菌的生长。但是这些研究都集中于一种植物的根系分泌物对与其间作(伴生)的另一种植物的病原菌的抑制作用,而作物间作后,种群间相互作用是否会诱导间作植物的根系分泌物产生抑菌活性,目前尚缺少相关研究。为了揭示分蘖洋葱减轻番茄黄萎病的机制,本书的研究收集了分蘖洋葱和番茄的根系分泌物,通过体外抑菌试验,研究根系分泌物对黄萎病菌的菌丝生长和孢子萌发的影响;并利用高效液相色谱法(HPLC)检测绿原酸、水杨酸、肉桂酸、对羟基肉桂酸、阿魏酸、咖啡酸、对羟基苯甲酸、香草酸共 8 种酚酸物质的含量变化,以及它们对黄萎病菌的影响,以期揭示分蘖洋葱减轻番茄黄萎病机制中根系分泌物的作用。

3.2 材料与方法

3.2.1 试验材料

番茄品种和分蘖洋葱品种同 2.2.1。

3.2.2 试验器材

电子恒温水浴锅(HH4)、立式压力蒸汽灭菌器(LDZM-60KCS)、人工气候箱、生化培养箱、超净工作台(BCN-I 360B)、塑料花盆(12.5 cm ×10 cm× 15 cm)、恒温摇床(ZHWY-2102)、电子天平(ALC-210.4)、微量移液器、血球计数板、生物显微镜(XSP-36)、高效液相色谱仪、色谱柱(XDB-C18)、旋转蒸发仪(RE-5299)。

3.2.3 试验试剂

琼脂糖、葡萄糖、XAD-4 树脂、硫酸链霉素、$CaCl_2$、绿原酸、水杨酸、肉桂酸、对羟基肉桂酸、阿魏酸、咖啡酸、对羟基苯甲酸、香草酸、甲醇(色谱纯)、冰醋酸、乙腈(色谱纯)。

3.2.4 试验设计及方法

3.2.4.1 番茄育苗

番茄育苗过程同 2.2.4.1。

3.2.4.2 病原菌培养和孢子悬浮液制备

黄萎病菌培养和孢子悬浮液制备同 2.2.4.2。

3.2.4.3　试验设计

本试验共设 3 个处理,即单作分蘖洋葱、分蘖洋葱与番茄伴生栽培、单作番茄。将 4 叶期的番茄幼苗定植于装有灭菌土的盆(12.5 cm ×10 cm×15 cm)中。土壤为塑料大棚的番茄连作土,高压蒸汽灭菌 3 次(121 ℃,30 min)除掉土壤中的微生物。一个盆中栽种 3 个分蘖洋葱鳞茎为单作分蘖洋葱,一株番茄和 3 个分蘖洋葱鳞茎为伴生栽培,一个盆栽种 1 株番茄为单作番茄。试验按照随机区组设计,共 3 个小区,每个小区每个处理 10 盆。试验在东北农业大学设施园艺工程中心塑料大棚进行,分别于 2014 年 7~9 月和 2015 年 3~7 月,共进行 3 次。按照番茄生理需求浇水,所用水为灭菌的自来水。

3.2.4.4　根系分泌物的收集

伴生 20 天后,按照 2.2.4.2 介绍的方法给番茄及分蘖洋葱接菌 20 mL,每毫升孢子悬浮液有 $1.0×10^7$ 个孢子。接菌后 0 天和 7 天收集根系分泌物。根系分泌物的收集方法参考 Hao 和 Li 等人的方法,即小心地将分蘖洋葱和番茄苗从盆中取出,先用地下水清洗干净根表面的土;在实验室用自来水洗干净根表面,然后再用去离子水清洗 3 次。将苗放入烧杯中,加入 200 mL 无菌去离子水。为了保持根系在去离子水中的渗透压,向去离子水中加入 $CaCl_2$,使其浓度为 0.5 mmol·L^{-1}。每个烧杯中 5 株番茄或 5 株分蘖洋葱幼苗,伴生栽培的番茄和分蘖洋葱也分别收集根系分泌物。用锡纸将烧杯包住,防止见光和灰尘进入。将烧杯放在人工气候箱中,光照下收集 6 h。其间要每隔 2 h 观察烧杯中水位变化,以便及时补充(植物吸水和水的挥发造成水减少)。收集结束后,用吸水纸吸干根系表面水分,称重;根据根鲜重调整根系分泌物水溶液浓度,使每 10 mL 水溶液含 1 g(鲜重),然后过 0.22 μm 微孔滤膜,-20 ℃保存备用。收集得到的四种根系分泌物分别为单作的分蘖洋葱(OM)、伴生的分蘖洋葱(OC)、单作的番茄(TM)、伴生分蘖洋葱的番茄(TC)。

3.2.4.5　根系分泌物对黄萎病菌菌丝生长和孢子萌发的影响

黄萎病菌的培养参考 Robb 等人的方法,根系分泌物对黄萎病菌菌丝生长的影响参考 Gao 等人的方法:配制 PDA 培养基,分装到 150 mL 三角瓶中,每瓶

90 mL，121 ℃高压蒸汽灭菌 30 min。在培养基冷凝前，将 10 mL 各处理（TM、TC、OM、OC）的根系分泌物水溶液过 0.22 μm 微孔滤膜后，加入到培养基中，迅速混合均匀，倒入灭菌的培养皿中，每个培养皿大约 20 mL 培养基（每个培养皿中含 2 mL 根系分泌物水溶液）。过夜后用无菌的微量移液器枪头在预先培养的黄萎病菌培养皿上取直径一致的菌柄，用无菌的牙签将菌柄转接到制备好的培养基中央。每个处理 5 个重复。25 ℃黑暗中培养 6 天，用直尺测量菌落直径。对于孢子萌发的测定，培养基的制备同上。用事先培养的黄萎病菌制成孢子悬浮液，调整孢子悬浮液浓度，向每个培养皿中加入 100 μL 孢子悬浮液，使每个培养皿上的孢子数为 100 个，然后用涂布棒涂布，使孢子分布均匀。为了防止细菌污染，倒平板时，每 100 mL 培养基里加 100 μL 硫酸链霉素溶液。25 ℃培养 2~3 天，统计培养皿上长出的菌落。两个试验中，都是用 0.5 mmol · L^{-1} 的 CaCl$_2$ 溶液作为对照（CK），每个试验都重复 3 次。

3.2.4.6 根系分泌物组分的 HPLC 分析

体外抑菌试验表明，分蘖洋葱的根系分泌物对黄萎病菌的菌丝生长和孢子萌发无显著影响，而伴生的番茄根系分泌物则能抑制黄萎病菌的菌丝生长和孢子萌发，因此，在此试验中只对番茄的根系分泌物进行 HPLC 分析，以检测其中的小分子酚酸类物质。根据 Zhang 等人的方法进行预处理，取 100 mL 3.2.4.4 中制备的根系分泌物用 XAD-4 树脂吸附，将过柱后的溶液重新吸附一次，每个样品共吸附两次。然后用 200 mL 色谱纯的甲醇进行洗脱。洗脱液 35 ℃旋转浓缩至 5 mL，−20 ℃保存。

HPLC 条件：根据 Zhang 等人的方法，略做修改。色谱柱 XDB－C18（4.6 mm× 250 mm），流动相为 A（0.02%的乙酸溶液），B（乙腈），流速为 0.4 mL · min^{-1}等度洗脱（65%A+35%B），洗脱时间为 15 min，进样量为 10 μL。检测波长为 280 nm。高纯度的绿原酸、水杨酸、肉桂酸、对羟基肉桂酸、阿魏酸、咖啡酸、对羟基苯甲酸、香草酸作为标准物进行有机酸的定量和定性测量。分别准确称量 100 mg 上述标准物溶解到 100 mL 的超纯水中形成标准物的混合物，然后稀释 100 倍作为原液。根据各标准物的保留时间鉴定根系分泌物中的有机酸，以峰面积大小比较各种酸在两个处理间的含量差异。

3.2.4.7　鉴定四种酚酸对黄萎病菌的影响

HPLC 分析鉴定出四种酚酸物质,这四种物质在单作和伴生的番茄根系分泌物中含量不同,因此对这四种物质做体外抑菌试验。将这四种物质的标准物配制成 0、0.005 mmol·mL^{-1}、0.05 mmol·mL^{-1}、0.5 mmol·mL^{-1} 的水溶液,按照 3.2.4.5 的方法研究它们对黄萎病菌的菌丝生长和孢子萌发的影响,以去离子水(含 0.005 mmol·mL^{-1} CaCl$_2$)为对照。

3.3　统计分析

不同处理间的差异显著性用 SPSS 16.0 软件进行 One-way ANOVA 分析,检验水平 $p \leqslant 0.05$。

3.4　结果

3.4.1　接菌后番茄和分蘖洋葱根系分泌物对黄萎病菌菌丝生长的影响

3.4.1.1　番茄根系分泌物对黄萎病菌菌丝生长的影响

由图 3-1 和图 3-2 可以看出,在番茄根系分泌物浓度为 0.1 g·mL^{-1} 时,添加伴生分蘖洋葱的番茄(TC)根系分泌物时,黄萎病菌的菌落直径要显著小于对照(CK)和添加单作的番茄(TM)根系分泌物;添加单作番茄根系分泌物的菌落直径和对照无显著差异。但是当把根系分泌物浓度稀释到原来的一半,即 0.05 g·mL^{-1} 时,三个处理的菌落直径之间无显著差异(图 3-2)。说明在根系分泌物浓度较大时(0.1 g·mL^{-1}),伴生分蘖洋葱的番茄根系分泌物对黄萎病菌的生长具有显著的抑制作用,而单作番茄的根系分泌物则对黄萎病菌没有抑制作用。在浓度较小时(0.05 g·mL^{-1}),伴生分蘖洋葱的番茄根系分泌物对黄萎病菌的抑制作用也不显著,说明根系分泌物对黄萎病菌菌丝生长的抑制作用和浓度有关系。

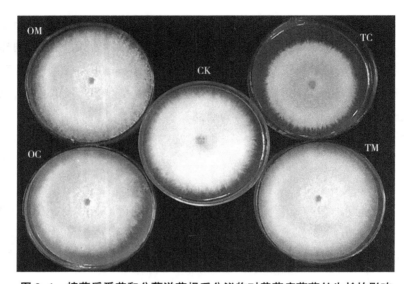

图 3-1　接菌后番茄和分蘖洋葱根系分泌物对黄萎病菌菌丝生长的影响

注:OM 为单作的分蘖洋葱,OC 为伴生的分蘖洋葱,TM 为单作的番茄,TC 为伴生分蘖洋葱的
　　番茄;CK 为去离子水(含 0.005 mmol·mL^{-1} CaCl$_2$),根系分泌物浓度为 0.1 g·mL^{-1}。

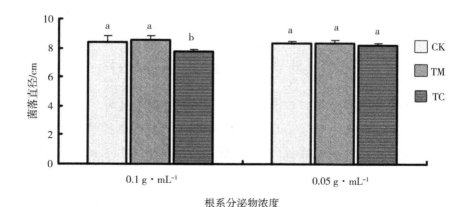

图 3-2　接菌后根系分泌物对黄萎病菌菌丝生长的影响

注:CK 为去离子水(含 0.005 mmol·mL^{-1} CaCl$_2$),TM 为单作的番茄,TC 为伴生分蘖
　　洋葱的番茄。根系分泌物浓度为 0.1 g·mL^{-1}和 0.05 g·mL^{-1};柱上方的小写字母
　　不同表示差异显著($p \le 0.05$)。

3.4.1.2　分蘖洋葱根系分泌物对黄萎病菌菌丝生长的影响

从图 3-1 和图 3-3 可以看出,添加单作的分蘖洋葱(OM)和伴生的分蘖洋葱(OC)根系分泌物,在 $0.1\ \mathrm{g \cdot mL^{-1}}$ 和 $0.05\ \mathrm{g \cdot mL^{-1}}$ 两个浓度时,黄萎病菌菌落直径和对照(CK)相比没有显著差异,并且 OM 和 OC 之间也没有显著差异。当把根系分泌物浓度提高到原来的 2 倍,即 $0.2\ \mathrm{g \cdot mL^{-1}}$,和对照相比,黄萎病菌的菌落直径也没有显著差异;当把根系分泌物浓度稀释到原来的 1/5 $(0.02\ \mathrm{g \cdot mL^{-1}})$、1/10$(0.01\ \mathrm{g \cdot mL^{-1}})$ 和 1/20$(0.005\ \mathrm{g \cdot mL^{-1}})$ 时,和对照相比,黄萎病菌的菌落直径也没有显著差异;并且各浓度的处理之间也没有显著差异(图 3-4)。这就说明用水浸提法收集到的分蘖洋葱根系分泌物对黄萎病菌菌丝的生长没有影响。

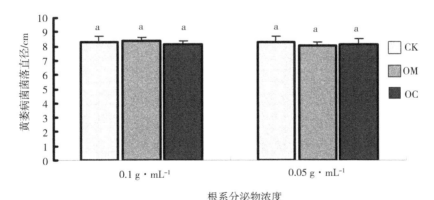

图 3-3　接菌后分蘖洋葱根系分泌物对黄萎病菌菌丝生长的影响

注:OM 为单作分蘖洋葱,OC 为伴生的分蘖洋葱,CK 为去离子水(含 $0.005\ \mathrm{mmol \cdot mL^{-1}}\ CaCl_2$),

根系分泌物浓度分别为 $0.1\ \mathrm{g \cdot mL^{-1}}$ 和 $0.05\ \mathrm{g \cdot mL^{-1}}$;柱上方的小写字母

不同表示差异水平显著($p \leqslant 0.05$)。

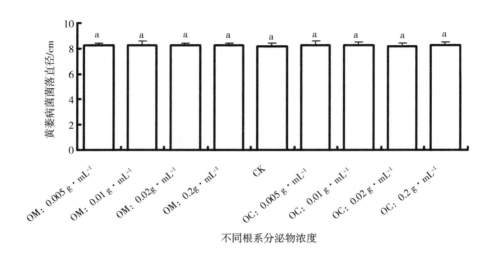

图 3-4 接菌后不同浓度分蘖洋葱根系分泌物对黄萎病菌菌丝生长的影响

3.4.2 接菌后番茄和分蘖洋葱根系分泌物对黄萎病菌孢子萌发的影响

由图 3-5 可以看出,在根系分泌物溶液浓度为 0.1 g · mL^{-1} 时,与对照 (CK)和单作的番茄(TM)相比,伴生分蘖洋葱的番茄(TC)根系分泌物显著降低黄萎病菌的孢子萌发;单作的番茄(TM)根系分泌物的处理对孢子萌发无显著影响($p>0.05$)。与 CK 相比,单作的分蘖洋葱(OM)的根系分泌物和伴生的分蘖洋葱(OC)的根系分泌物对孢子萌发都无显著影响($p>0.05$)。

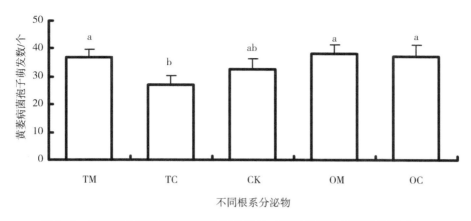

图 3-5　接菌后分蘖洋葱和番茄根系分泌物对黄萎病菌孢子萌发的影响

3.4.3　未接菌时番茄根系分泌物对黄萎病菌生长和孢子萌发的影响

从图 3-6 可以看出,在未接菌条件下,在根系分泌物浓度为 $0.1\ \mathrm{g\cdot mL^{-1}}$ 时,与对照(CK)和单作的番茄(TM)相比,伴生分蘖洋葱的番茄(TC)根系分泌物可显著地抑制黄萎病菌的孢子萌发和菌丝生长($p \le 0.05$)。单作的番茄根系分泌物则对黄萎病菌的生长和孢子萌发无显著影响。

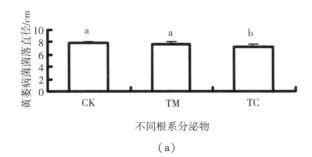

(a)

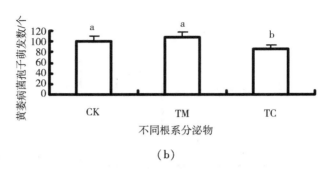

（b）

图 3-6　未接菌时番茄根系分泌物对黄萎病菌菌丝生长和孢子萌发的影响

3.4.4　伴生分蘖洋葱对番茄根系分泌物组分的影响

3.4.4.1　酚酸标准物的 HPLC 保留时间图

将 8 种酚酸标准物进行 HPLC 分析,如图 3-7 所示,检测到它们的出峰时间分别为绿原酸,3.023;水杨酸,4.655;肉桂酸,9.924;香草酸,4.371;咖啡酸,4.223;对羟基肉桂酸,6.209;阿魏酸,4.952;对羟基苯甲酸,4.348。各种酚酸能较好分离开。

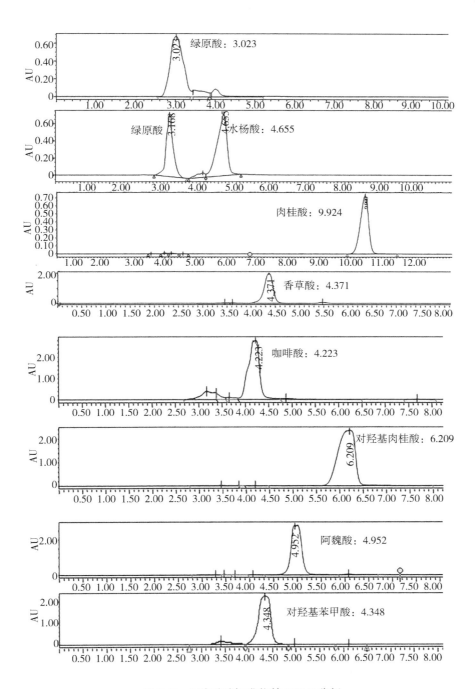

图 3-7 8 种酚酸标准物的 HPLC 分析

3.4.4.2 伴生分蘖洋葱对接菌后番茄根系分泌物组分的影响

由图 3-8 可以看出,伴生分蘖洋葱的番茄在接种黄萎病菌 7 天后,根系分泌物组分发生了变化。单作的番茄(7M)根系分泌物中检测到 10 种组分,而伴生分蘖洋葱的番茄(7I)根系分泌物中检测到 12 种组分。组分 9 只在单作的番茄根系分泌物中出现,而组分 j、k 和 l 只在伴生分蘖洋葱的番茄根系分泌物中出现(表 3-1)。

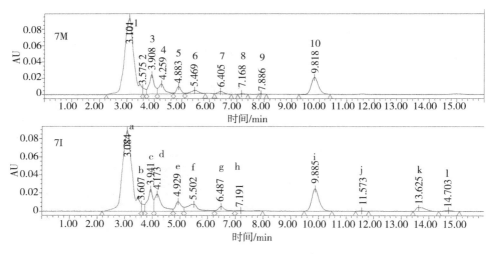

图 3-8 接菌后伴生分蘖洋葱对番茄根系分泌物组分的影响

注:7I 为伴生+接菌 7 天,7M 为单作+接菌 7 天,检测波长 280 nm。

表 3-1 接菌后伴生分蘖洋葱对番茄根系分泌物组分的影响

	处理				
	7M			7I	
峰代码	保留时间/min	峰面积/物质	峰代码	保留时间/min	峰面积/物质
1	3.101	2168261/绿原酸	a	3.084	2159496/绿原酸

续表

	处理				
	7M			7I	
峰代码	保留时间/min	峰面积/物质	峰代码	保留时间/min	峰面积/物质
2	3.575	56001	b	3.607	55871
3	3.908	304152	c	3.941	305159
4	4.259	190893/咖啡酸	d	4.173	335813/咖啡酸
5	4.883	100270/阿魏酸	e	4.929	159767/阿魏酸
6	5.469	78199	f	5.502	225535
7	6.405	43345	g	6.487	85911
8	7.168	10272	h	7.191	24653
9	7.886	5363	—	—	—
10	9.818	386096/肉桂酸	i	9.885	455486/肉桂酸
—	—	—	j	11.573	8368
—	—	—	k	13.625	104265
—	—	—	l	14.703	23209

注:7I 为伴生+接菌 7 天,7M 为单作+接菌 7 天,"—"表示无此项。

3.4.4.3　伴生分蘖洋葱对未接菌番茄根系分泌物组分的影响

由图 3-9 可以看出,在未接菌条件下,单作的番茄和伴生分蘖洋葱的番茄根系分泌物中都检测到 9 种物质。两个处理的根系分泌物共有的组分有 7 种,组分 2 只在单作的番茄根系分泌物中检测到,组分 e 和 g 只在伴生分蘖洋葱的番茄根系分泌物中检测到(表 3-2)。

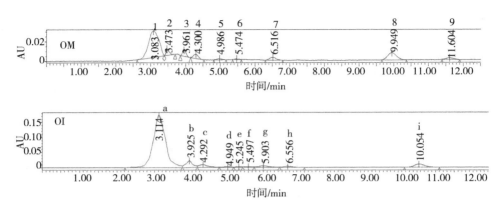

图 3-9　未接菌时伴生分蘗洋葱对番茄根系分泌物组分的影响

注:OI 为伴生+未接菌,OM 为单作+未接菌,检测波长 280 nm。

表 3-2　未接菌时伴生分蘗洋葱对番茄根系分泌物组分的影响

	处理				
	OM			OI	
峰代码	保留时间/ min	峰面积/物质	峰代码	保留时间/ min	峰面积/物质
1	3.083	562621/绿原酸	a	3.114	3927943/绿原酸
2	3.473	42263	—	—	—
3	3.961	44254	b	3.925	287873
4	4.300	43717/咖啡酸	c	4.292	172789/咖啡酸
5	4.986	13055/阿魏酸	d	4.949	46824/阿魏酸
—	—	—	e	5.245	27218
6	5.474	6017	f	5.497	41259
—	—	—	g	5.903	117373
7	6.516	42355	h	6.556	57319

续表

	处理				
	OM			OI	
峰代码	保留时间/ min	峰面积/物质	峰代码	保留时间/ min	峰面积/物质
8	9.949	132042/肉桂酸	i	10.054	199096/肉桂酸
9	11.604	27368	—	—	—

注：OI 为伴生+未接菌，OM 为单作+未接菌，检测波长 280 nm。

3.4.5　番茄根系分泌物组分分析

　　经过和 8 种已知的酚酸标准物比对，在未接菌和接菌后，都鉴定出四种物质：绿原酸、咖啡酸、阿魏酸和肉桂酸。笔者通过比较峰面积来评估这四种物质在两处理间的含量差异。在未接菌前，这四种物质在伴生分蘖洋葱的番茄根系分泌物中的含量都显著高于单作的番茄根系分泌物（$p \leqslant 0.05$）；在接菌后，绿原酸和阿魏酸含量在两个处理间无显著差异，咖啡酸和肉桂酸在伴生分蘖洋葱的番茄根系分泌物中的含量显著高于单作的番茄（$p \leqslant 0.05$），如图 3-10 所示。

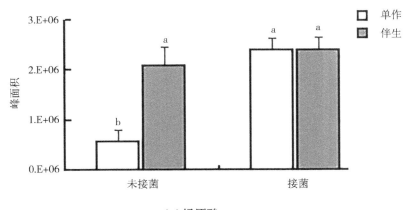

（a）绿原酸

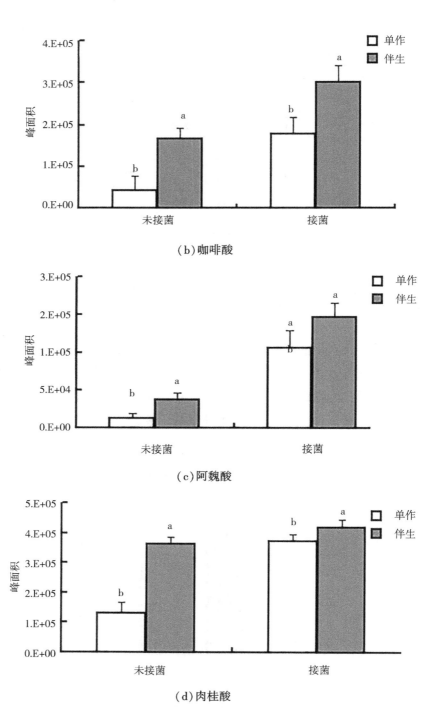

（b）咖啡酸

（c）阿魏酸

（d）肉桂酸

图 3-10 番茄根系分泌物组分及其含量分析

3.4.6　鉴定出的四种酚酸物质对黄萎病菌的影响

3.4.6.1　绿原酸对黄萎病菌菌丝生长和孢子萌发的影响

从图 3-11 可以看出,随着绿原酸浓度从 0.005 mmol·L^{-1} 增加至 0.5 mmol·L^{-1},黄萎病菌的菌落直径呈下降趋势,但是没有达到差异显著水平 ($p \leqslant 0.05$),如图 3-11(a)所示;同样,黄萎病菌的孢子萌发也呈降低的趋势,其中 0.05 mmol·L^{-1} 时显著低于对照($p \leqslant 0.05$),如图 3-11(b)所示。

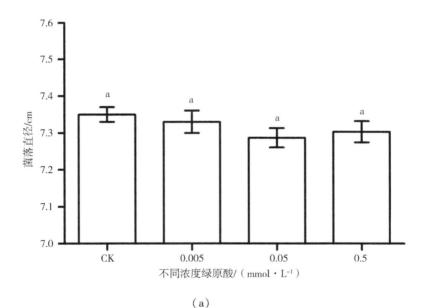

（a）

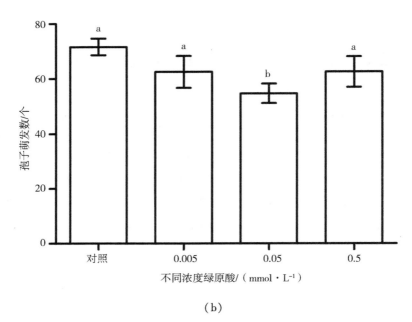

（b）

图 3-11   不同浓度绿原酸对黄萎病菌菌丝生长和孢子萌发的影响

注:柱上方的小写字母不同表示差异显著（$p \leqslant 0.05$）。

3.4.6.2   咖啡酸对黄萎病菌菌丝生长和孢子萌发的影响

从图 3-12 可以看出,咖啡酸浓度为 0.005 mmol · L^{-1} 和 0.05 mmol · L^{-1} 时,黄萎病菌的菌落直径显著小于对照（水）,但是当浓度增大到 0.5 mmol · L^{-1} 时,菌落直径和对照差异不显著（$p > 0.05$）,如图 3-12（a）所示。在检测的各个浓度中,黄萎病菌的孢子萌发数无显著差异,如图 3-12（b）所示。

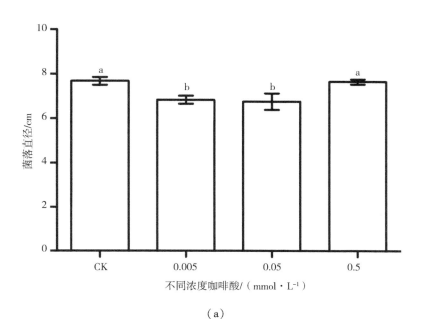

（a）

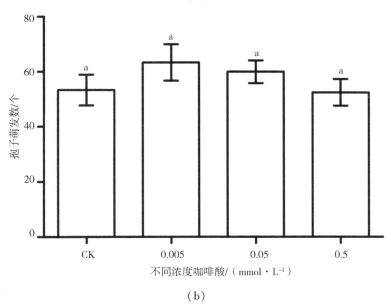

（b）

图 3-12　不同浓度咖啡酸对黄萎病菌菌丝生长和孢子萌发的影响

注:柱上方的小写字母不同表示差异显著($p \leqslant 0.05$)。

3.4.6.3　阿魏酸对黄萎病菌菌丝生长和孢子萌发的影响

和对照(水)相比,阿魏酸浓度较低时(0.005 mmol·L^{-1})对菌丝生长无显著影响,浓度较高时($0.05 \sim 0.5$ mmol·L^{-1}),对菌丝生长显著抑制($p \leqslant 0.05$),如图3-13(a)所示。对于孢子萌发而言,不同浓度阿魏酸对黄萎病菌孢子萌发均无显著影响,如图3-13(b)所示。

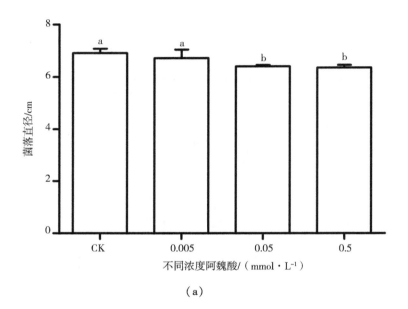

（a）

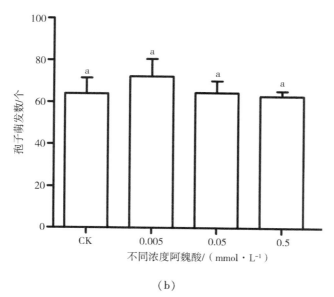

（b）

图 3-13　不同浓度阿魏酸对黄萎病菌菌丝生长和孢子萌发的影响

注:柱上方的小写字母不同表示差异显著($p \leqslant 0.05$)。

3.4.6.4　肉桂酸对黄萎病菌菌丝生长和孢子萌发的影响

从图 3-14 可以看出,与对照(水)相比,在肉桂酸浓度较低时($0.005 \ \text{mmol} \cdot \text{L}^{-1}$),黄萎病菌菌落直径稍大,但差异不显著;当浓度增大 10 倍及 100 倍($0.05 \ \text{mmol} \cdot \text{L}^{-1}$ 和 $0.5 \ \text{mmol} \cdot \text{L}^{-1}$)时,菌落直径显著小于对照($p \leqslant 0.05$),并且呈现出浓度越大,抑制作用越显著的现象,如图 3-14(a)所示。不同浓度肉桂酸对孢子萌发的影响与菌丝生长很相似,不同的是只有在高浓度($0.5 \ \text{mmol} \cdot \text{L}^{-1}$)时才表现出对孢子萌发的抑制,如图 3-14(b)所示。

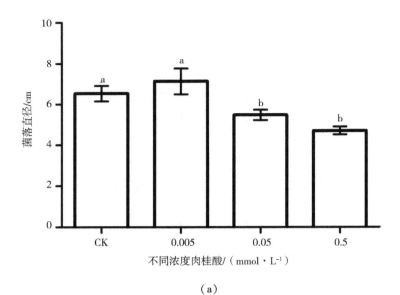

（a）

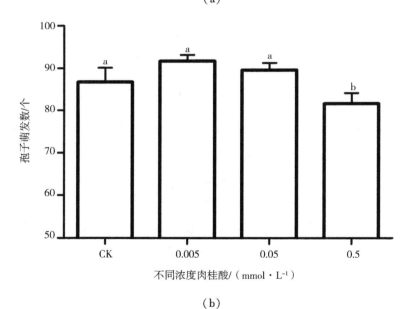

（b）

图 3-14　不同浓度肉桂酸对黄萎病菌菌丝生长和孢子萌发的影响

注：柱上方的小写字母不同表示差异显著（$p \leqslant 0.05$）。

3.5　讨论

3.5.1　分蘖洋葱根系分泌物对黄萎病菌菌丝生长和孢子萌发的影响

　　研究表明,间作(伴生)作物的根系分泌物对与其间作(伴生)的主栽作物的致病病原菌具有抑制作用,如西瓜/水稻间作,水稻的根系分泌物能够抑制引起西瓜枯萎病的尖孢镰刀菌的孢子萌发和孢子形成;大豆/玉米间作,间作的两种作物的共同根系分泌物能够抑制黑腐病菌的生长;辣椒/玉米间作,玉米根系分泌物能够抑制辣椒疫霉菌的生长;小麦伴生西瓜栽培,小麦的根系分泌物能够抑制引起西瓜枯萎病的尖孢镰刀菌的菌丝生长。本课题组前人的研究表明,分蘖洋葱根系分泌物能够抑制尖孢镰刀菌的孢子萌发,但是用水浸法收集到的分蘖洋葱根系分泌物在不同浓度下对引起番茄黄萎病的黄萎病菌菌丝生长和孢子萌发都没有显著影响(图 3-3,图 3-4),这可能是由根系分泌物对不同病原菌的作用不同导致的。

3.5.2　番茄根系分泌物对黄萎病菌菌丝生长和孢子萌发的影响

　　在分蘖洋葱/番茄伴生栽培中,分蘖洋葱的根系分泌物未表现出对黄萎病菌的抑制作用,但是番茄的根系分泌物却表现出显著的抑制作用。在番茄接种黄萎病菌 7 天后,伴生分蘖洋葱的番茄根系分泌物表现出对黄萎病菌显著的抑制作用(图 3-1,图 3-2),并且这种抑制作用受根系分泌物浓度的影响,浓度越大效果越显著(图 3-2),说明伴生分蘖洋葱的番茄根系分泌物中含有某些能够抑制病原菌的物质。同样是接种黄萎病菌,单作的番茄根系分泌物对黄萎病菌则没有抑制作用,这就说明伴生栽培诱导番茄的根系分泌物发生了变化,可能的变化主要有三种:一是诱导了抗菌活性物质的从头合成和分泌(从无到有);二是增加了抗菌活性物质的分泌(从少到多);三是减少了能够促进菌落生长和孢子萌发的物质如糖类(从多到少)。这与 Hage-Ahmed 等人的研究结果相似,他们发现番茄在同时接种 AMF 和 FON 后,其根系分泌物能够抑制 FON,而未接种或只接种其中之一的番茄根系分泌物则无抑制作用,这说明番茄-AMF-FON 三者的相互作用诱导了番茄根系分泌物的抗菌活性。Gao 等人的研究也表明,大豆和玉米间作后收集的共同根系分泌物对黑腐病菌的抑制作用比大豆、玉米分别单作时都大。这些结果说明植物的种群间相互作用可能诱导根系分泌物分泌抗菌活性物质或者使某种具有抗菌活性的物质增多。另外,也有可能是减少了某些能够促进病原菌生长的物质,袁红霞等人对不同抗黄萎病性能的棉花根系分泌物进行了鉴定,发现感病品种根系分泌物中氨基酸含量和种类较多,而抗病品种中糖类物质含量显著低于感病品种;西瓜/水稻间作,降低了西瓜根系分泌物中的有机酸含量和氨基酸含量;小麦/蚕豆间作,减低了蚕豆根系分泌物中的可溶性糖和游离氨基酸含量。

对于本书的研究而言,单纯的伴生栽培,不接种黄萎病菌会不会诱导番茄根系分泌物对黄萎病菌产生抗菌活性呢? 结果发现,在番茄未接种黄萎病菌时,即只有分蘖洋葱和番茄相互作用时,与对照(水)相比,伴生分蘖洋葱的番茄根系分泌物也表现出对黄萎病菌的抑制作用(图 3-6),这说明分蘖洋葱与番茄的种群间相互作用可能诱导番茄根系分泌出抗菌活性物质(增加),从而抑制了黄萎病菌菌丝生长和孢子萌发。

3.5.3 伴生及接菌对番茄根系分泌物组分的影响

在番茄未接菌和接菌条件下,伴生分蘖洋葱的番茄根系分泌物都能对黄萎病菌的菌丝生长和孢子萌发产生抑制作用(图 3-2,图 3-6),这种抑制作用的产生很可能是因为根系分泌物发生了变化。HPLC 检测发现,未接菌时单作的番茄根系分泌物中检测到 9 种物质,伴生分蘖洋葱的番茄根系分泌物中也检测到 9 种物质;两个处理的根系分泌物共有的组分有 7 种(表 3-2)。接菌后伴生分蘖洋葱的番茄根系分泌物中检测到 12 种物质,而单作的番茄根系分泌物中检测到 10 种物质(表 3-1)。很显然,伴生分蘖洋葱对番茄根系分泌物的组分产生了影响,并且接种黄萎病菌也对组分产生了影响,特别是在接菌条件下,伴生分蘖洋葱的番茄根系分泌物中有 3 种物质是单作的番茄根系分泌物所没有的,有可能是诱导了这些物质的从头合成。蚕豆/小麦间作,两者的根系分泌物中有机酸含量、种类和分泌量与单作相比显著提高,并且提高了小麦根系分泌物中的糖含量和分泌量,以及蚕豆根系分泌物中的氨基酸含量和分泌量。这些结果充分说明植物间的相互作用可以改变作物的根系分泌物组分和含量。

前人研究发现,玉米、番茄、水稻等作物根系分泌物的酚酸类物质如肉桂酸、绿原酸、对羟基肉桂酸等对病原菌具有抑制作用,本书研究用 8 种酚酸类物质为标准物对根系分泌物进行了组分鉴定,结果只有 4 种物质被鉴定出现在根系分泌物中,即绿原酸、咖啡酸、阿魏酸、肉桂酸。在番茄未接菌时,这 4 种物质在伴生分蘖洋葱的番茄根系分泌物中的含量都显著高于单作的番茄(图 3-10);番茄接种黄萎病菌后,咖啡酸和肉桂酸在伴生分蘖洋葱的番茄根系分泌物中的含量依然高于单作的番茄(图 3-10),但是绿原酸和阿魏酸在两个处理间则差异不显著。除了酚酸类物质,其他的物质如黄酮类、氨基酸、糖类等都会对病原菌有影响。因此,想要把根系分泌物中具有抑菌活性的未知组分全部鉴定出来,还需要做大量的工作。

3.5.4　鉴定出的酚酸对黄萎病菌的影响

Hage-Ahmed 等人研究发现,番茄根系分泌物中的绿原酸在 0.003 mmol · L^{-1}浓度时对尖孢镰刀菌孢子萌发具有显著抑制作用,在 0.03 mmol · L^{-1} 和 0.3 mmol · L^{-1} 时,则无显著抑制效果。在本书的研究中也发现,在 $0.005 \sim 0.5$ mmol · L^{-1} 浓度时,绿原酸对黄萎病菌的菌丝生长无显著影响[图 3-11(a)],但是在 0.05 mmol · L^{-1} 时,能够显著降低黄萎病菌的孢子萌发[图 3-11(b)],这和 Hage-Ahmed 等人的研究结果类似。刘晓燕等人也发现,在绿原酸浓度为 1.4 mmol · L^{-1} 时,其对禾谷镰刀菌的菌落生长无显著抑制作用;当浓度约为 5.6 mmol · L^{-1} 时,则显著抑制该菌的菌落生长。这些结果说明,绿原酸对土传真菌病原菌的抑制作用具有浓度依赖性。

咖啡酸对植物病原菌也有抑制作用,咖啡酸在浓度为 250 μg · mL^{-1}(1.38 mmol · L^{-1})时对立枯丝核菌菌丝的生长有抑制作用。在本书研究中,咖啡酸浓度为 0.005 mmol · L^{-1} 和 0.05 mmol · L^{-1} 时,可显著抑制黄萎病菌的菌丝生长,但是在检测的各个浓度内,对黄萎病菌的孢子萌发无显著影响(图 3-12)。

对于阿魏酸,抗病玉米根系分泌的阿魏酸量要显著高于感病玉米,并且阿魏酸对禾谷镰刀菌具有很好的抑制效果(效果优于同浓度下的绿原酸)。本书研究中阿魏酸在浓度较高时($0.05 \sim 0.5$ mmol · L^{-1})对黄萎病菌菌丝生长具有显著抑制作用,但是不同浓度的阿魏酸对孢子萌发均无显著作用(图3-13)。

王茹华等人通过体外试验证明肉桂酸在浓度为 0.1 mmol · L^{-1}、0.5 mmol · L^{-1} 和 1 mmol · L^{-1} 时对茄子黄萎病菌的孢子萌发有显著抑制作用,当浓度为 0.5 mmol · L^{-1} 时抑制作用最大。肉桂酸浓度在 0.07 mmol · L^{-1}、0.14 mmol · L^{-1} 和 0.21 mmol · L^{-1} 时,对黑腐病菌的菌丝生长和孢子萌发均有显著的抑制作用,并且浓度越大作用越强。本书研究表明,肉桂酸在 0.05 mmol · L^{-1} 和 0.5 mmol · L^{-1} 时显著抑制黄萎病菌的菌丝生长;在 0.5 mmol · L^{-1} 时显著抑制了黄萎病菌的孢子萌发,在较低浓度时(0.005 mmol · L^{-1}),虽然对菌丝生长和孢子萌发有一定的促进作用,但是没有达到显著水平(图3-14)。未接菌和接菌后,伴生分蘖洋葱的番茄根系分泌物中肉桂酸含量都显著高于单作的番茄(图3-10)。这个结果和 Gao 等人的结果相似,他们发现大豆/玉米间作时,根系释放出更多的肉桂酸抑制黑腐病菌。这些结果证明,伴生分蘖洋葱可以诱导番茄根系分泌更多的肉桂酸,抑制黄萎病菌的菌丝生长和孢子萌发,推测肉桂酸可能是伴生分蘖洋葱的番茄根系分泌物中抑制黄萎病菌的抗菌活性物质之一。

在伴生栽培中,这4种物质在番茄根系分泌物中的含量都有较大提高,说明植物-植物种间的互作诱导了根系分泌物的变化。研究表明,小麦/蚕豆间作增加了有机酸的分泌量,改变了根系分泌物中有机酸的种类,提高了小麦根系有机酸、糖和氨基酸的分泌速率。稗草和水稻共植时,水稻根系分泌物中的化感物质 momilactone B 含量显著升高。接种病原菌后,植物-植物-病原菌的相互作用也改变了根系分泌物,大豆/玉米间作,间作系统中根系分泌物中肉桂酸含量提高,对抑制黑腐病菌起到一定作用。玉米/辣椒间作,玉米根系分泌的抗菌活性物质丁布增多。本书研究中,在未接菌时,4种酚酸物质在伴生分蘖洋葱的番茄根系分泌物中的含量都显著高于单作的番茄;同时,4种酚酸物质的体外抑菌试验表明,咖啡酸、阿魏酸、肉桂酸能够抑制黄萎病菌的菌丝生长;绿原酸和肉桂酸能够抑制黄萎病菌的孢子萌发;这说明这4种物质都有抑制黄萎病菌的潜能。但是,酚酸物质的抑菌效果和浓度有一定的关系,如咖啡酸在浓度为

1.38 mmol·L⁻¹ 时对立枯丝核菌菌丝的生长有抑制作用;在浓度为 0.07 mmol·L⁻¹、0.14 mmol·L⁻¹、0.21 mmol·L⁻¹ 时,对黑腐病菌的菌丝生长和孢子萌发均有显著的抑制作用;肉桂酸在 0.05 mmol·L⁻¹ 和 0.5 mmol·L⁻¹ 时显著抑制黄萎病菌的菌丝生长;在 0.5 mmol·L⁻¹ 时显著抑制了黄萎病菌的孢子萌发;在较低浓度(0.005 mmol·L⁻¹)时,对菌丝生长和孢子萌发有促进的趋势(图 3-14)。因此,实际田间条件下番茄根系分泌物中这 4 种酚酸物质能不能起到抑制作用以及起到多大的作用尚不能确定,还要依赖于它们在番茄根际的浓度。在根际,不同的物质其浓度也不同,浓度在 0.001 mmol·L⁻¹ 到 1 mmol·L⁻¹ 都比较符合实际,本试验中设计的 4 种酚酸物质的浓度都在此范围内,其抑菌效果可能会反映根际的实际情况。但是目前的技术和手段还无法准确测定根系分泌物在根际的浓度,因此根系分泌物抑菌活性物质的鉴定还需要大量的工作。

根系分泌物的抑菌作用可能是多种物质的综合效应,黄京华等人研究发现,丁布与对羟基肉桂酸的等量混合液对病原菌的抑制率显著高于这两种物质单独处理时的抑制率之和。除了酚酸物质,其他的物质如黄酮类、氨基酸、糖类、苯类和茚类物质等都会对病原菌有影响。本书研究中,对 8 种常见的酚酸物质进行了比较鉴定,只鉴定出 4 种物质,其他的几种物质则没有鉴定出来,特别是在伴生分蘖洋葱的番茄根系分泌物中出现的物质可能在抑制黄萎病菌中发挥重要作用。因此,对于根系分泌物中未知组分的鉴定及抗菌活性鉴定还需要更系统更深入的研究。

总之,在番茄/分蘖洋葱伴生系统中,分蘖洋葱的根系分泌物以及单作的番茄根系分泌物对黄萎病菌没有抑制作用,但是伴生分蘖洋葱诱导番茄的根系发生改变,产生了抑菌活性,增加了番茄对黄萎病菌的防御能力。番茄根系分泌物中的绿原酸、咖啡酸、阿魏酸和肉桂酸等物质在伴生分蘖洋葱后含量显著增加,并且这 4 种酚酸物质在适宜浓度下均对黄萎病菌有抑制作用,其可能在番茄与黄萎病菌的互作中发挥作用。

第 4 章

伴生分蘖洋葱对番茄根系抗病
相关基因表达的影响

4.1　引言

　　间作(伴生)控制土传病害的其中一个可能途径是提高作物的抗病性。有研究报道指出,间作可以提高作物抗病相关基因的表达,如玉米/大豆间作,提高了大豆病程相关蛋白(PR:PR1、PR2、PR3、PR4、PR10、PR12)、苯丙氨酸解氨酶(PAL)、多酚氧化酶(PPO)基因表达以及与防御相关的酶的活性;伴生小麦提高了西瓜病程相关蛋白基因的表达。前期的研究中发现伴生分蘖洋葱可以减轻番茄黄萎病害,并且伴生分蘖洋葱诱导番茄的根系分泌物产生抑制黄萎菌的活性,这意味着伴生可能诱导了番茄根系分泌物中抑菌物质的产生,提高了对黄萎病菌的抑制作用。因此,这里假设伴生分蘖洋葱能提高番茄对黄萎病菌的抗性。

　　植物受到病原菌侵染后,会启动一系列的防卫基因表达,发生一系列防御反应。这些基因的表达可以通过 RNA-seq 技术进行检测。RNA-seq 是用来研究某一生物对象在特定生物过程中基因表达差异的技术。Luigi 等人用 RNA-seq 分析了烟草感染大丽轮枝菌的转录组;Chen 等人用 RNA-seq 比较了番茄黄化曲叶病毒病抗性和易感品种的差异表达基因;Tan 等人用 RNA-seq 的方法鉴定了番茄与黄萎病菌互作的基因。因此,为了探索伴生分蘖洋葱后番茄对黄萎病菌侵染的基因表达变化,笔者用感染了黄萎病菌的番茄根系作为研究对象,用 RNA-seq 分析了伴生分蘖洋葱后番茄对黄萎病菌侵染的基因表达响应。主要有两个目的:一是证明伴生分蘖洋葱是否可以提高抗病相关基因的表达;二是确定哪些基因参与了这个抗性响应过程。

4.2　材料与方法

4.2.1　试验材料

　　试验所用材料同 2.2.1。

4.2.2 试验器材

立式压力蒸汽灭菌器(LDZM-60KCS)、生化培养箱、人工气候箱(MGC-350BP)、超净工作台(BCN-I 360B)、塑料花盆(12.5 cm ×10 cm×15 cm)、电子天平(ALC-210.4)、微量移液器、血球计数板、生物显微镜(XSP-36)、高速冷冻离心机(J2-MC)、生物分析仪 (Agilent 2100)、超微量分光光度计(NanoDrop 2000)、PCR 仪(PTC-200)、ABI 实时荧光定量 PCR 仪、IQ5 实时荧光定量 PCR 仪、高通量测序仪(Illumina HiSeq 2000)。

4.2.3 试验药品

琼脂糖、葡萄糖、植物 RNA 提取试剂盒(RNAprep pure Plant Kit)、植物反转录试剂盒(TIANScript RT Kit)、荧光染料[RealMasterMix(SYBR Green)]。

4.2.4 试验方法

4.2.4.1 育苗和病原菌培养

番茄幼苗的准备过程同 2.2.4.1。黄萎病菌孢子悬浮液的制备过程同 2.2.4.2。

4.2.4.2 试验设计

试验为盆栽,盆大小为 12.5 cm × 10 cm × 15 cm。共设两个处理,即番茄单作(TM)和伴生分蘖洋葱的番茄(TC)。每个处理 25 株。定植前,4 叶期的番茄幼苗根系和分蘖洋葱鳞茎先用自来水冲洗干净,然后用无菌水冲洗三次。定植后的番茄苗置于紫外线和 75% 酒精灭菌过的人工气候箱内培养。培养条件为白天 16 h,25 ℃,50% 湿度;黑夜 8 h,19 ℃,30% 湿度。给番茄浇水使用的是灭菌的自来水,等量浇水,保证土壤湿度为 60%~70%。为了保证番茄在人工气候箱内受光均匀,每隔 3 天随机调换盆的位置。

4.2.4.3　取样及预处理

伴生栽培 20 天后开始接种黄萎病菌,接种时,将根基部的土小心清理干净,但不能伤根,露出部分根系。采用灌根的方式每株番茄根部浇灌 20 mL 孢子悬浮液(每毫升含 $1.0×10^7$ 个孢子)。接种后将清理的土回填。接种 3 天后取样。取样时,用自来水将番茄根系冲洗干净,然后用无菌的去离子水冲洗三次,用吸水纸吸干根系表面水分。然后用无菌的剪刀将番茄根系剪下,同处理的 5 株混匀在一起,用锡纸包裹,置于液氮中速冻,−80 ℃ 保存。每个处理三个重复。

4.2.4.4　样品总 RNA 的提取及测序的准备

样品总 RNA 的提取、测序及数据分析在华大基因完成。将两个处理的 6 个样品(TM1、TM2、TM3、TC1、TC2、TC3)分别用植物 RNA 提取试剂盒提取。用生物分析仪、超微量分光光度计检测总 RNA 的含量及完整性,经检测提取的总 RNA 符合要求。利用 DNase I 消化 DNA,用带有 Oligo(dT)的磁珠富集真核生物 mRNA,随后向富集的 mRNA 中加入适量打断剂并高温处理使 mRNA 片段化。以 mRNA 片段为模板反转录合成 cDNA。对 cDNA 用磁珠进行纯化富集,然后对 3′末端加碱基 A 以及加测序接头,随后进行 PCR 扩增,产物即为样品的 cDNA 文库。用生物分析仪和 ABI 实时荧光定量 PCR 仪对文库进行质量和产量检测。

4.2.4.5　测序结果分析

(1)由测序所得的数据称为 raw reads,随后要对 raw reads 过滤,以除去:①除含 adapter 的 reads;②含 N(表示无法确定碱基信息)比例大于 10% 的 reads;③低质量 reads(质量值 $Q≤5$ 的碱基数占整条 reads 的 50% 以上)。使用比对软件 BWA 将 clean reads 比对到番茄参考基因组中,使用 Bowtie 软件将 clean reads 比对到番茄参考基因中。基因表达的定量分析使用 RSEM 软件。RSEM 利用双末端的关系、reads 的长度、片段的长度分布和质量值等,基于最大期望的算法建立最大似然的丰度估计模型,以区分属于同一个基因不同亚型的转录本。定量表达的结果以 FPKM 为单位,计算公式如下:

$$\text{FPKM}(A) = \frac{10^6 C}{NL/10^3}$$

设 FPKM(A)为基因 A 的表达量,则 C 为唯一比对到基因 A 的片段数,N 为唯一比对到参考基因的总片段数,L 为基因 A 编码区的碱基数。用计算得到的 FPKM 比较不同样品间的基因表达量。

(2)样品相关性分析。RNA-seq 需要样品的生物学重复。根据 FPKM 定量结果,计算出所有样品两两之间基因表达水平的相关性。理想的取样和试验条件下,皮尔逊相关系数的平方(R^2)应大于等于 0.92。

(3)样品间 DEG 筛选。样品间 DEG 筛选参照 Audic 等人基于泊松分布的分析方法。样品组间的 DEG 筛选使用 NOISeq 方法分析。NOISeq 方法可以建立独有的噪声分布模型来检测 DEG,能降低测序深度过低带来的高假阳性率。该模型首先对所有样品构建两两之间的差异倍数(M)以及绝对差值(D)两个背景数据集,称为噪声背景:

$$M^i = \log_2\left(\frac{x_1}{x_1^i}\right) \ , \ D^i = \left| x_1^i - x_2^i \right|$$

对于基因 A,分别计算在对照样品中的平均表达量(Control-avg),处理样品中的平均表达量(Treat-avg),得到该基因的差异倍数[$M_A = \log_2$(Control-avg/Treat-avg)]和绝对差值[$D_A = |$Congrol-avg-Treat-avg$|$],如果 M_A、D_A 均明显偏离噪声背景数据集,则该基因属于差异表达基因。以 M_A、D_A 同时大于相应数据集的概率来衡量该基因偏离噪声背景数据集的程度:

$$P_A = P(M_A \geqslant \{M\} \& D_A \geqslant \{D\})$$

计算出每个基因的差异倍数,以及偏离度概率值(P_{NOI}),然后按照差异倍数≥2($|\log_2$ 比值$| \geqslant 1$),同时 $P_{NOI} \geqslant 0.8$ 的标准筛选差异表达基因,P_{NOI} 越大,差异越显著。

(4)DEG 的 GO 功能显著性富集分析。Gene Ontology(简称 GO)总共有三个 ontology,分别描述基因的分子功能、细胞组成和生物学过程。通过 GO 分析能找出 DEG 中显著富集的 GO 功能条目,由此能看出 DEG 的生物学功能。本书研究利用 Gene Ontology 数据库进行分析,其公式如下:

$$P = 1 - \sum_{i=0}^{m-1} \frac{\binom{M}{i}\binom{N-M}{n-i}}{\binom{N}{n}}$$

式中,m 表示注释为某特定 GO term 的差异表达基因数目,M 表示所有基因中注释为某特定 GO term 的基因数目,N 表示所有基因中具有 GO 注释的基因数目,n 表示 N 中 DEG 的数目。对计算得到的 P 值进行 Bonferroni 校正,以 $P \leqslant 0.05$ 为阈值筛选在 DEG 中显著富集的 GO term。用 WEGO 软件对 DEG 做 GO 功能分类统计,以了解 DEG 的功能分布特点。

(5)DEG 的 Pathway 显著性富集分析。KEGG 是有关 Pathway 的主要公共数据库,Pathway 显著性富集分析以 KEGG Pathway 为单位,使用超几何检验,获得在 DEG 中显著性富集的 Pathway。该分析的计算公式同 GO 功能显著性富集分析,在这里 N 表示所有基因中具有 Pathway 注释的基因数目;n 表示 N 中差异表达基因的数目;M 表示所有基因中注释为某特定 Pathway 的基因数目;m 表示注释为某特定 Pathway 的 DEG 数目。以 $Q \leqslant 0.05$ 为阈值筛选在 DEG 中显著富集的 Pathway。

4.2.4.6　RNA-seq 测序结果的 qRT-PCR 检验

为了验证 RNA-seq 测序结果的准确性,从测序结果中随机选出 12 个 DEG,通过荧光定量 PCR 检测它们的表达是否和 RNA-seq 的结果一致。基因特异性引物使用 Primer Premier 5.0 软件设计,在生工生物工程(上海)股份有限公司合成。基因及引物序列见附表 1。RNA 反转录成 cDNA 使用 TIANScript RT Kit。样品总 RNA 用量为 2 μg,共 20 μL 反应体系,操作程序按照试剂盒说明书进行。荧光定量 PCR 使用 RealMasterMix (SYBR Green)试剂盒,每个样品 3 次重复。内参基因使用番茄 β-actin 基因,差异表达基因的计算采用 $2^{-\Delta\Delta Ct}$ 法。

4.3　结果

4.3.1　样品总 RNA 含量和质量检测

如表 4-1 所示,提取的总 RNA OD260/280 值均大于 2,浓度大于 350 ng · μL^{-1},28S : 18S ≥ 1.8。RIN 值是评估完整性的指标,其值越接近 10 表示完整性越高,10 表示完全没有降解。本书研究的六个样品中 RIN 值为 9.10~9.60,说明 RNA 无明显降解和 DNA 污染,含量较高,符合下一步测序分析要求。

表 4-1　样品总 RNA 的含量和质量统计表

样品名	RNA 浓度/ (ng · μL^{-1})	OD260/280	OD260/230	RIN 值	28S：18S
TM1	366	2.08	1.80	9.30	1.90
TM2	394	2.05	2.13	9.10	2.00
TM3	658	2.11	2.03	9.30	1.90
TC1	630	2.08	2.12	9.60	1.80
TC2	600	2.10	2.01	9.20	2.00
TC3	618	2.09	1.80	9.50	1.90

4.3.2　RNA 测序质量评估

本书研究中 RNA 测序在华大基因使用 Illumina HiSeq 2000 高通量测序仪完成。由图 4-1 可以看出,在得到的 raw reads 中,六个样品中均无含 N 的 reads,并且含接头的 reads 和低质量的 reads 基本都小于 0.1%(除了样品 TM2),clean reads 占 99.78%~99.87%。碱基组成含量和碱基质量也是评估测序质量的手段。如果低质量($Q<20$)的碱基比例较低,说明这个 lane 的测序质量比较好。从图 4-2 可以看出,六个样品的碱基质量基本都很好($Q \geqslant 30$)。从整体来看,本书研究的六个样品的测序质量都很好,适合后续的分析。

Classification of Raw Reads （TC1）

Reads of （TC1） contains:
1.N （299, 0）
2.low qual （8450, 0.07%）
3.adapter （9546, 0.08%）
4.clean reads （12173342, 99.85%）

（a）TC1

Classification of Raw Reads （TC2）

Reads of （TC2） contains:
1.N （189, 0）
2.low qual （7799, 0.06%）
3.adapter （8281, 0.07%）
4.clean reads （12175372, 99.87%）

（b）TC2

Classification of Raw Reads （TC3）

Reads of （TC3） contains:
- 1.N （216, 0）
- 2.low qual （7900, 0.06%）
- 3.adapter （8394, 0.07%）
- 4.clean reads （12175309, 99.86%）

（c）TC3

Classification of Raw Reads （TM1）

Reads of （TM1） contains:
- 1.N （171, 0）
- 2.adapter （9315, 0.08%）
- 3.low qual （9755, 0.08%）
- 4.clean reads （12172555, 99.84%）

（d）TM1

Classification of Raw Reads （TM2）

Reads of （TM2） contains:
1.N （186，0）
2.low qual （12158，0.1%）
3.adapter （13976，0.11%）
4.clean reads （12165484，99.78%）

（e）TM2

Classification of Raw Reads （TM3）

Reads of （TM3） contains:
1.N （180，0）
2.low qual （7693，0.06%）
3.adapter （8653，0.07%）
4.clean reads （12175211，99.86%）

（f）TM3

图 4-1　各个样品的 raw reads 分类

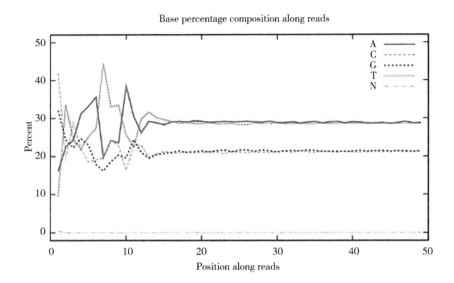

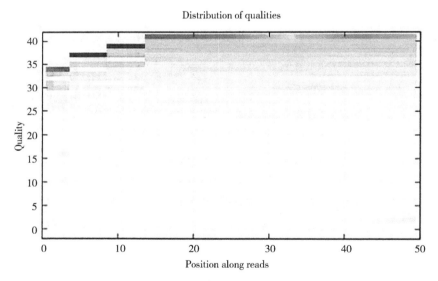

（a）样本 TC1 在芯片通道的 150122_I709_FCC63L2ACXX_L1_

WHTOMawuNAADRAAPEI-43 上的碱基组成和质量分布

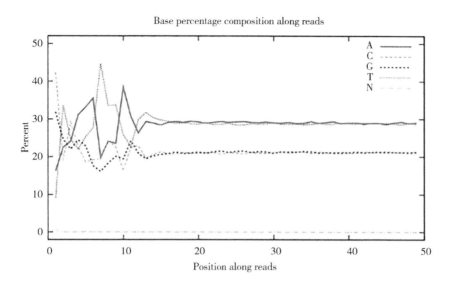

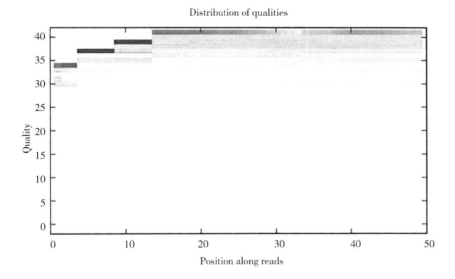

（b）样本 TC2 在芯片通道 150122_I709_FCC63L2ACXX_L1_

WHTOMawuNAAERAAPEI-44 上的碱基组成和质量分布

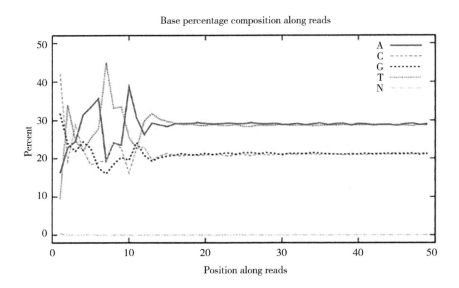

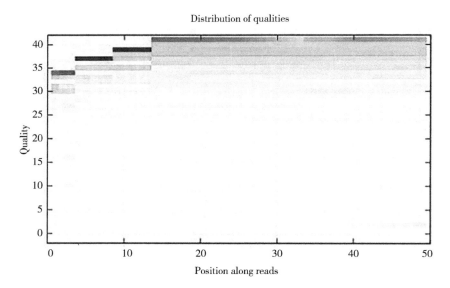

（c）样本 TC3 在芯片通道 150122_I709_FCC63L2ACXX_L1_

WHTOMawuNAAFRAAPEI-45 上的碱基组成和质量分布

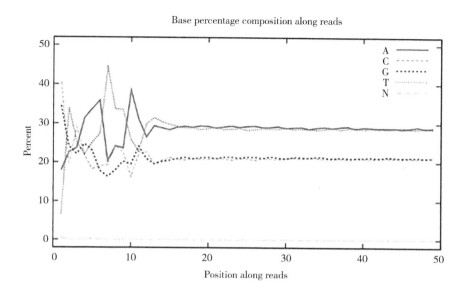

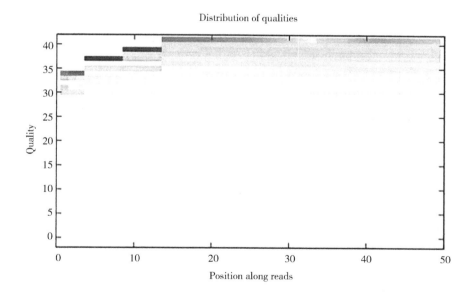

（d）样本 TM1 在芯片通道 150122_I709_FCC63L2ACXX_L1_

WHTOMawuNAAARAAPEI-33 上的碱基组成和质量分布

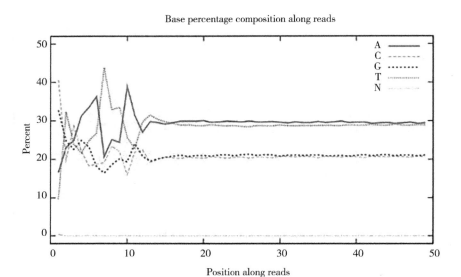

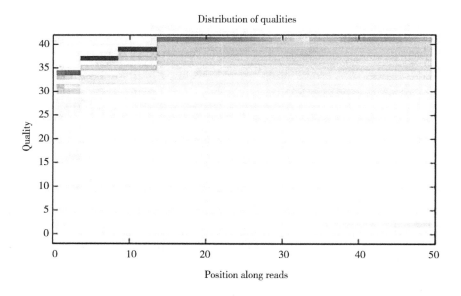

（e）样本 TM2 在芯片通道 150122_I709_FCC63L2ACXX_L1_

WHTOMawuNAABRAAPEI-36 上的碱基组成和质量分布

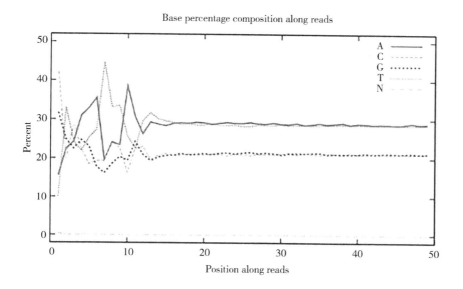

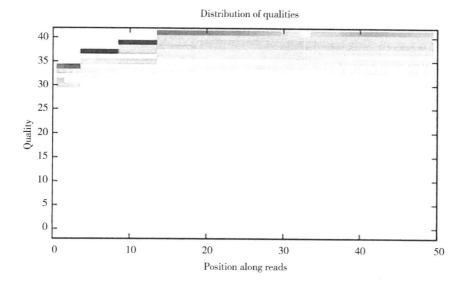

（f）样本 TM3 在芯片通道 150122_I709_FCC63L2ACXX_L1_
WHTOMawuNAACRAAPEI-39 上的碱基组成和质量分布

图 4-2　clean reads 的碱基组成和质量分布

4.3.3　比对情况分析

本书研究中使用比对软件 BWA 将 clean reads 比对到番茄参考基因组上，使用 Bowtie 软件将 clean reads 比对到参考基因上。经过数据过滤，六个样品得到的总 clean reads 为 1216 万~1218 万条，比对到番茄基因组上的 clean reads 为 1020 万~1050 万条，占总 clean reads 的比例超过 84%（表 4-2）；比对到番茄参考基因上的 clean reads 为 910 万~1000 万条，占总 clean reads 的比例超过 80%（样品 TM2 为 75.32%）（表 4-3）。为了便于资源共享和交流，六个样品的 clean reads 保存在 NCBI 的 SRA 数据库中（登记号为 SRP057823）。为了检验得到的 clean reads 数是否能最大程度地覆盖番茄的基因组，笔者进行了测序饱和度分析。本书研究的六个样品的测序饱和度分析表明，clean reads 大小在 700 万~1250 万时，检测到的基因数变化趋于平缓，说明检测到的基因数量趋于饱和，测序质量达到要求（图 4-3）；经过数据过滤，六个样品得到的总 clean reads 为 1216 万~1218 万条，比对到基因序列的基因达到 80% 左右，说明本书研究的测序结果能够检测到番茄基因组 80% 的基因，满足后续分析的要求。

表 4-2　clean reads 比对到番茄参考基因组序列的情况统计表

样品	总 clean reads	总碱基对	总匹配的 reads*	错配的 reads	唯一匹配的 reads	多重匹配 reads
TC1	12173342	596493758	10419039（85.59%）	1576941（12.95%）	10026087（82.36%）	392952（3.23%）
TC2	12175372	596593228	10291852（84.53%）	1608205（13.21%）	9910113（81.39%）	381739（3.14%）
TC3	12175309	596590141	10280870（84.44%）	1609302（13.22%）	9888545（81.22%）	392325（3.22%）

续表

样品	总 clean reads	总碱基对	总匹配的 reads*	错配的 reads	唯一匹配的 reads	多重匹配 reads
TM1	12172555	596455195	10479406 (86.09%)	1447424 (11.89%)	10118908 (83.13%)	360498 (2.96%)
TM2	12165484	596108716	10357756 (85.14%)	1638695 (13.47%)	9885908 (81.26%)	471848 (3.88%)
TM3	12175211	596585339	10470208 (86.00%)	1626906 (13.36%)	10065455 (82.67%)	404753 (3.32%)

注：* 表示比对成功的 clean reads 占总 clean reads 百分比。

表 4-3　clean reads 比对到番茄参考基因序列的情况统计表

样品	总 clean reads	总碱基对	总匹配的 reads	错配的 reads	唯一匹配的 reads	多重匹配 reads	未匹配的 reads
TC1	12173342	596493758	9928362 (81.56%)	1290756 (10.60%)	8954531 (73.56%)	973831 (8.00%)	2244979 (18.44%)
TC2	12175372	596593228	9877333 (81.13%)	1335667 (10.97%)	8893422 (73.04%)	983911 (8.08%)	2298038 (18.87%)
TC3	12175309	596590141	9850497 (80.91%)	1325254 (10.88%)	8861662 (72.78%)	988835 (8.12%)	2324811 (19.09%)
TM1	12172555	596455195	9950604 (81.75%)	1179997 (9.69%)	9053287 (74.37%)	897317 (7.37%)	2221950 (18.25%)
TM2	12165484	596108716	9162609 (75.32%)	1252063 (10.29%)	8275010 (68.02%)	887599 (7.30%)	3002874 (24.68%)

续表

样品	总 clean reads	总碱基对	总匹配的 reads	错配的 reads	唯一匹配的 reads	多重匹配 reads	未匹配的 reads
TM3	12175211	596585339	9924496 (81.51%)	1334188 (10.96%)	8978383 (73.74%)	946113 (7.77%)	2250714 (18.49%)

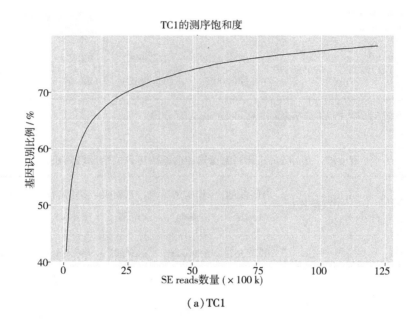

(a) TC1

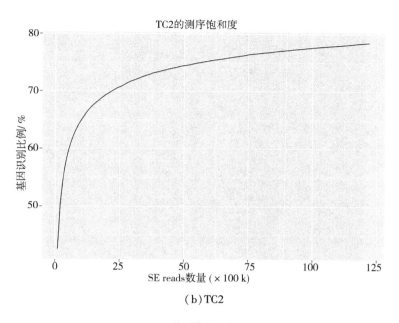

（b）TC2

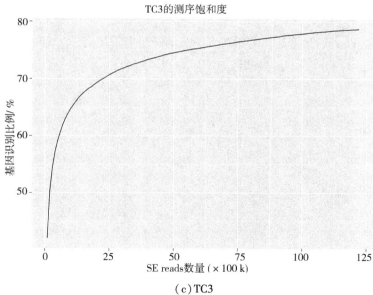

（c）TC3

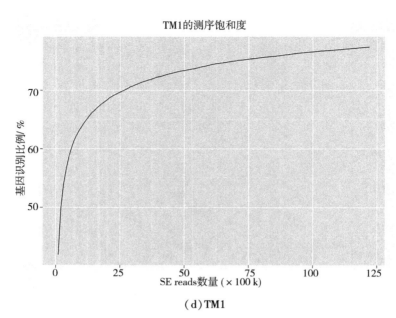

（d）TM1

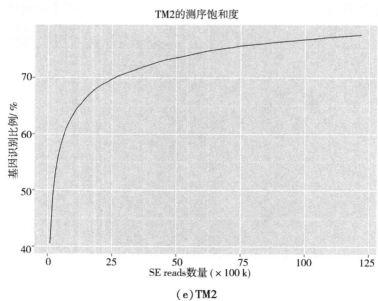

（e）TM2

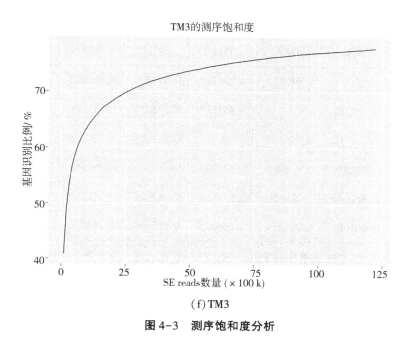

（f）TM3

图 4-3 测序饱和度分析

4.3.4 基因定量分析与样品相关性分析

基因表达的定量分析使用 RSEM 软件,表达定量的结果以 FPKM 为单位。为了尽量消除个体差异的影响,本试验严格控制试验条件,取样时将同一处理的 5 株番茄根系混合均匀作为一个样品,重复 3 次。根据 FPKM 定量结果,笔者计算出所有样品两两之间的相关性,结果显示同一处理的重复样品间相关系数都大于 0.85,有的甚至达到 0.98(表 4-4),说明同一处理样品间的重复性比较好,条件控制较好,样本选择合适,试验可靠性高。

表 4-4 不同样品间的基因表达的相关性分析

样品	TC1	TM3	TM2	TC2	TC3	TM1
TC1	1	0.889533	0.838712	0.890229	0.862633	0.888099
TM3	0.889533	1	0.853531	0.875959	0.85924	0.939257
TM2	0.838712	0.853531	1	0.835103	0.832539	0.856942
TC2	0.890229	0.875959	0.835103	1	0.98543	0.873095
TC3	0.862633	0.85924	0.832539	0.98543	1	0.847477
TM1	0.888099	0.939257	0.856942	0.873095	0.847477	1

注:TM1、TM2、TM3 是单作的番茄 3 个重复样品;TC1、TC2、TC3 是伴生的番茄 3 个重复样品。

4.3.5 基因差异表达分析

筛选 DEG 是本书研究的主要目标之一。本书研究中采用基于泊松分布的分析方法,以 $p \leqslant 0.05$ 为阈值筛选两个样品间的差异表达基因。以 TM 样品为对照,TC 样品为试验组,对两个处理间的样品进行两两比较,发现上调表达的基因都高于下调表达的基因(图 4-4)。两个处理间的组间差异表达基因用 NOISeq 软件分析,P 值 $\geqslant 0.8$,$\log_2(TC/TM)$ 绝对值大于等于 1 为阈值,筛选差异表达基因(DEG)。经过比较,共发现 369 个 DEG,其中上调表达的 307 个,下调表达的 62 个(图 4-5)。

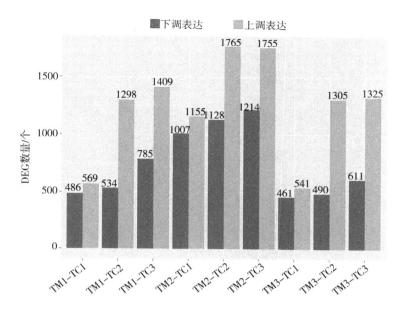

图 4-4　样品间差异表达的基因统计

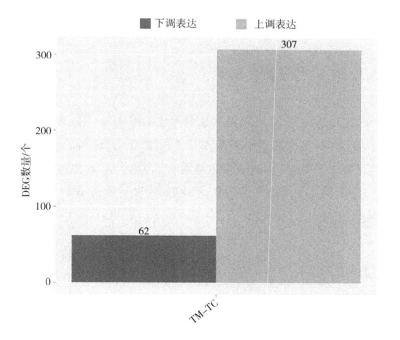

基因表达水平（TM-TC）

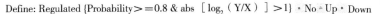

Define: Regulated {Probability ＞＝0.8 & abs $\left[\log_2\left(Y/X\right)\right]$ ＞1} · No ▴ Up · Down

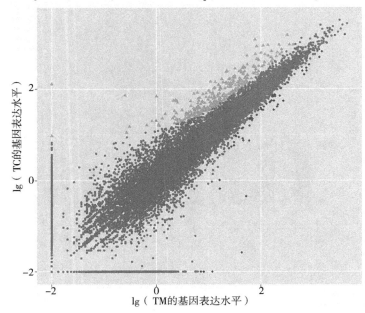

图 4-5　两个处理组间的差异表达基因统计及表达模式图

4.3.6　qRT-PCR 验证测序结果

　　为了验证 RNA-seq 以及差异表达基因筛选的准确度，用 qRT-PCR 对随机选取的 12 个 DEG(8 个上调、2 个下调、2 个无显著变化)进行验证。结果表明，12 个基因中只有 1 个基因(水通道蛋白基因)的表达模式与 RNA-seq 得到的基因表达模式不同(表 4-5)，结果一致率达到 92%，说明通过 RNA-seq 获得的差异表达基因结果是高度可信的。

表 4-5　qRT-PCR 验证 RNA-seq 筛选的基因表达模式

基因 ID	基因名称	表达水平	$\log_2$ 差异倍数	
			qRT-PCR	RNA-seq
Solyc01g095080.2.1	1-aminocyclopropane-1-carboxylate synthase	上调	1.79	3.75
Solyc06g053710.2.1	Ethylene receptor	上调	1.09	2.22
Solyc02g077370.1.1	Ethylene-responsive transcription factor 2	上调	2.55	1.91
Solyc10g079860.1.1	Beta-1, 3-glucanase	上调	1.79	2.08
Solyc07g006700.1.1	Pathogenesis-related protein	上调	1.69	3.89
Solyc02g065470.1.1	Pathogenesis-related protein	上调	1.12	1.91
Solyc08g074680.2.1	Polyphenol oxidase	不变	0.33	0.74
Solyc06g060970.1.1	Expansin-like protein	上调	6.00	6.1
Solyc09g082550.2.1	High affinity sulfate transporter 2	上调	4.32	4.14
Solyc06g049080.2.1	Superoxide dismutase	不变	0.55	-0.13
Solyc12g044330.1.1	Aquaporin	下调	-0.76	-1.21
Solyc11g069760.1.1	High affinity nitrate transporter protein	下调	-1.55	-2.62

4.3.7 差异表达基因(DEG)的 GO 功能显著性富集分析

Gene Ontology(简称 GO)是一个国际标准化的基因功能分类体系。通过该分析,可以清晰明了地看出差异表达基因主要参与了哪些生物学功能和生物学过程。在本书研究中,从基因参与的生物学功能看,差异表达基因主要参与了代谢过程、细胞过程、刺激响应等过程,并且这些过程主要发生在细胞水平上;DEG 的 GO 功能分析表明,具有催化活性、结合活性、转运活性和抗氧化活性等功能的基因显著富集并上调表达,其中参与"催化活性"和"结合活性"的基因占绝对优势,分别占总 DEG 的 40.6%和 24.4%(图 4-6)。

4.3.8 差异表达基因(DEG)的 Pathway 显著性富集分析

在生物体内,不同基因相互协调行使其生物学功能,基于 Pathway 的分析有助于更进一步了解基因的生物学功能。图 4-7 列出了本书研究中前 20 个显著富集的 Pathway,结果表明参与"代谢途径""次生代谢物的生物合成""玉米素生物合成""苯丙烷生物合成""谷胱甘肽代谢途径""植物激素信号转导""苯丙氨酸代谢途径""植物-病原体互作""类黄酮生物合成""半胱氨酸和甲硫氨酸代谢途径"等生物代谢过程的基因得到显著富集并上调表达,其中参与"代谢途径"和"次生代谢物生物合成"过程的基因数分别占总 DEG 的 33.2%和 25.6%。其中"苯丙烷生物合成"涉及酚类物质及木质素生物合成等重要抗病相关生物过程,其 DEG 富集是很显著的(见附图 1)。

4.3.9 基因功能注释和抗病相关的差异表达基因(DEG)分析

本书研究对筛选出的 369 个 DEG 进行功能注释(附表 2),其中 66 个 DEG 在番茄基因组中没有注释到基因功能,37 个 DEG 表达上调,29 个 DEG 表达下调。条件特异表达基因在本书研究中共检测到 5 个,只在 TM(单作)中表达的基因是 Solyc09g037110.1.1、Solyc03g095350.1.1、Solyc12g019710.1.1,都是未知功能蛋白;只在 TC(伴生)中表达的基因是 Solyc08g023510.1.1、

Solyc01g100090.1.1(wall-associated receptor kinase-like 20,细胞壁相关的受体激酶20)。通过对 DEG 进行功能注释,结合 GO 分类和 Pathway 分析,本书研究对 369 个 DEG 数据进行了深入挖掘,从中筛选出参与植物-病原体互作的 DEG。

4.3.9.1 木质素生物合成相关基因的表达

木质素生物合成相关的基因:苯丙氨酸氨裂合酶、反式肉桂酸-4-单加氧酶、阿魏酸-5-羟化酶、4-香豆酸-辅酶 A 连接酶、过氧化物酶、漆酶等在 TC 中都上调表达(表4-6)。其中两个苯丙氨酸氨裂合酶基因(Solyc03g071870.1.1、Solyc10g011930.1.1)、1 个奎宁羟基肉桂酰酸转移酶基因(Solyc04g078660.1.1)和 1 个漆酶基因(Solyc04g072280.2.1)在 TC 中的表达是 TM 的 10 倍以上。

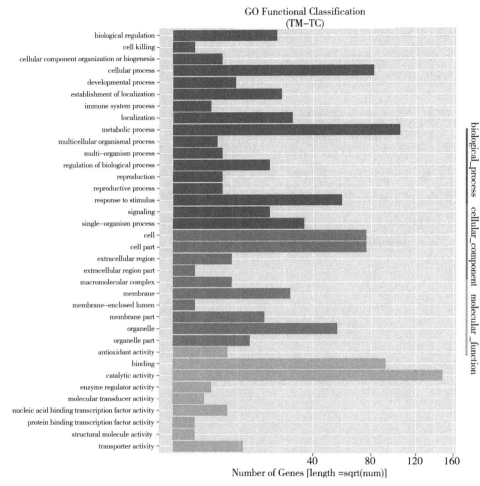

图 4-6 差异表达基因的 GO 功能显著性富集分类

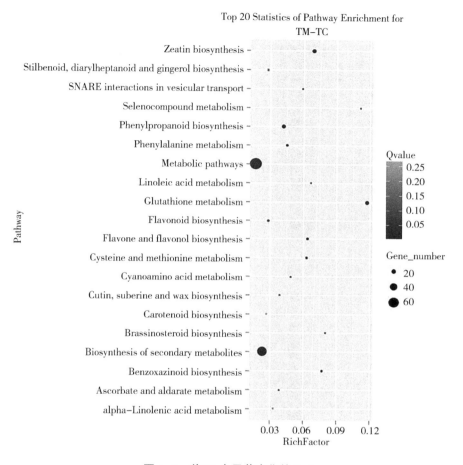

图 4-7　前 20 个显著富集的 Pathway

表 4-6　木质素生物合成相关基因的表达

基因 ID	$\log_2$(TC/TM)	P 值	基因名称
Solyc03g071870.1.1	4.36	0.844008772	phenylalanine ammonia−lyase
Solyc10g011920.1.1	2.58	0.863015339	phenylalanine ammonia−lyase
Solyc10g011930.1.1	3.34	0.906945967	phenylalanine ammonia−lyase

续表

基因 ID	$\log_2$(TC/TM)	P 值	基因名称
Solyc00g282510.1.1	2.87	0.898564424	phenylalanine ammonia-lyase
Solyc09g007910.2.1	1.76	0.814515824	phenylalanine ammonia-lyase
Solyc05g047530.2.1	2.42	0.810640148	trans-cinnamate-4-monooxygenase
Solyc00g247300.2.1	1.57	0.831442762	ferulate-5-hydroxylase
Solyc06g035960.2.1	2.68	0.873035379	4-coumarate-CoA ligase-like protein
Solyc03g097500.2.1	2.42	0.863885003	hydroxycinnamoyl CoA shikimate
Solyc04g078660.1.1	3.01	0.886628603	hydroxycinnamoyl transferase
Solyc01g107080.2.1	1.76	0.822122232	hydroxycinnamoyl transferase
Solyc04g072280.2.1	4.47	0.897934233	laccase
Solyc06g050530.2.1	2.06	0.800374334	laccase
Solyc04g054690.2.1	1.36	0.800078144	laccase 1a
Solyc06g082240.2.1	1.43	0.810375468	laccase-13
Solyc02g064970.2.1	-1.31	0.818530142	peroxidase
Solyc06g082420.2.1	2.95	0.864389156	peroxidase 3
Solyc02g087070.2.1	1.93	0.829369431	peroxidase family protein

注:P 值 ≥ 0.8 并且 $|\log_2$ 比值 $| \geq 1$ 作为基因差异表达的阈值,$\log_2$(TC/TM)值为正数表示上调表达,负数表示下调表达。

4.3.9.2 抗病蛋白(酶)基因的表达

病程相关蛋白是植物抵抗病原体的重要抗性蛋白,β-1,3-葡聚糖酶(β-1,

3-glucanase)基因、几丁质酶(chitinase)基因、*PR-STH*2、*PR*1 等基因都在 TC 中上调表达,其中 *PR-STH*2(Solyc05g054380.1.1)、*PR*1(Solyc07g006700.1.1)在 TC 中的表达是在 TM 中的 10 倍以上(表 4-7)。除此之外,过敏反应诱导的蛋白(harpin-induced protein)基因、库尼茨胰蛋白酶抑制剂(Kunitz trypsin inhibitor)基因、非特异性脂质转移蛋白(non-specific lipid-transfer protein)基因、细胞壁相关的受体激酶 20(wall-associated receptor kinase-like 20)基因、木聚糖酶抑制剂(xylanase inhibitor)基因等也在 TC 中显著上调表达,其中库尼茨胰蛋白酶抑制剂基因(Solyc03g098740.1.1、Solyc03g019690.1.1)、非特异性脂质转移蛋白基因(Solyc10g075100.1.1)在 TC 中上调表达,为在 TM 中的 10 倍以上;而细胞壁相关的受体激酶 20 基因(Solyc01g100090.1.1)只在 TC 中表达。

表 4-7　抗病相关的基因表达

基因 ID	$\log_2$(TC/TM)	P 值	基因名称
Solyc10g079860.1.1	2.08	0.813205026	β-1,3-glucanase
Solyc10g055800.1.1	1.16	0.800084446	chitinase
Solyc02g082920.2.1	2.80	0.877333283	endochitinase
Solyc05g054380.1.1	3.47	0.833408956	pathogenesis-related protein STH-2-like
Solyc08g080670.1.1	1.51	0.826678514	PR5-like protein precursor
Solyc02g065470.1.1	1.91	0.841506913	pathogenesis-related protein
Solyc00g174340.1.1	1.32	0.817578553	pathogenesis-related protein 1b
Solyc07g006700.1.1	3.89	0.895180298	pathogenesis-related protein PR-1
Solyc10g081980.1.1	1.34	0.804735257	harpin-induced protein-like
Solyc02g036480.1.1	2.72	0.881316091	harpin-induced protein-like
Solyc03g098730.1.1	2.31	0.826401231	Kunitz trypsin inhibitor ST1-like
Solyc03g098740.1.1	3.45	0.902559837	Kunitz trypsin inhibitor

续表

基因 ID	log$_2$(TC/TM)	P 值	基因名称
Solyc03g019690.1.1	3.62	0.853587679	Kunitz-type protease inhibitor
Solyc03g020010.1.1	2.33	0.870766691	Kunitz-type trypsin inhibitor alpha chain
Solyc09g082300.2.1	2.53	0.819311579	non-specific lipid-transfer protein
Solyc09g065440.2.1	2.29	0.837675351	non-specific lipid-transfer protein
Solyc09g065430.2.1	1.72	0.845225041	non-specific lipid-transfer protein
Solyc01g005990.2.1	2.17	0.854652702	non-specific lipid-transfer protein
Solyc08g067500.1.1	−1.44	0.833383749	non-specific lipid-transfer protein
Solyc03g005210.2.1	1.58	0.815738395	non-specific lipid-transfer protein
Solyc01g103060.2.1	1.73	0.822323893	non-specific lipid-transfer protein
Solyc09g082270.2.1	1.84	0.858074643	non-specific lipid-transfer protein
Solyc01g081600.2.1	1.60	0.831764157	non-specific lipid-transfer protein
Solyc10g075100.1.1	3.12	0.899156804	non-specific lipid-transfer protein
Solyc01g100090.1.1	13.64	0.988511614	wall-associated receptor kinase-like 20
Solyc01g080010.2.1	2.30	0.861257105	xylanase inhibitor (fragment)

注:P 值≥0.8 并且｜log$_2$ 比值｜≥1 作为基因差异表达的阈值,log$_2$(TC/TM)值为正数表示上调表达,负数表示下调表达。

4.3.9.3　植物激素代谢和转录因子的基因表达

植物抗病相关的激素主要是乙烯、水杨酸(SA)和茉莉酸,从表 4-8 可以看出,乙烯生物合成的关键基因 1-氨基环丙烷-1-羧酸氧化酶(1-aminocyclopropane-1-carboxylate oxidase, ACC 氧化酶)基因和 1-氨基环丙烷-1-羧酸合酶(1-aminocyclopropane-1-carboxylate synthase, ACC 合酶)基因在 TC 中显著上调表达;并且乙烯信号转导途径涉及的基因也都上调表达,如乙烯受体(ethylene receptor)基因、乙烯响应转录因子(ethylene responsive transcription factor)基因、乙烯响应转录激活子(ethylene responsive transcriptional coactivator)基因在 TC 中也都显著上调表达。参与合成 SA 衍生物的 4 个 UDP-glucose salicylic acid glucosyltransferase(SGT)、14 个 UDP-glucosyltransferase(UGT)和 1 个 S-adenosyl-methionine-dependent methyltransferase 基因在 TC 中都显著上调表达。但是 SA 生物合成所需要的关键酶基因如 aldehyde oxidase, benzoic acid 2-hydroxylase, benzoyl-CoA ligase, isochorismate pyruvate lyase, isochorismate synthase 等基因则没有检测到差异表达。脂肪氧合酶(lipoxygenase)是茉莉酸生物合成的关键酶,其基因在 TC 中显著上调表达,但另一个关键酶基因丙二烯氧合酶基因的表达则没有显著差异。

转录因子是调控基因表达的重要调节因子,多种转录因子(家族)参与到植物与病原菌互作的基因调控中。在本书的研究中,乙烯响应转录因子、乙烯响应转录激活子、bZIP、WRKY、MYB、锌指蛋白、NAC 结构域蛋白等转录因子相关基因在 TC 中都显著上调表达(表4-8)。

表 4-8　植物激素代谢和转录因子的基因表达

基因 ID	$\log_2$(TC/TM)	P 值	基因名称
植物激素代谢相关的基因表达			
Solyc07g049530.2.1	2.49	0.832236801	1 - aminocyclopropane - 1 - carboxylate oxidase
Solyc07g026650.2.1	3.93	0.819387202	1-aminocyclopropane-1-carboxylate oxidase
Solyc12g006380.1.1	2.63	0.891739454	1-aminocyclopropane-1-carboxylate oxidase-like protein
Solyc09g089580.2.1	2.56	0.826911685	1-aminocyclopropane-1-carboxylate oxidase-like protein

续表

基因 ID	$\log_2$(TC/TM)	P 值	基因名称
Solyc04g009860. 2. 1	1. 61	0. 822418422	1 - aminocyclopropane - 1 - carboxylate oxidase-like protein
Solyc01g095080. 2. 1	3. 75	0. 894367351	1 - aminocyclopropane - 1 - carboxylate synthase
Solyc06g053710. 2. 1	2. 22	0. 831587704	ethylene receptor
Solyc08g014000. 2. 1	−1. 24	0. 804476878	lipoxygenase
Solyc08g029000. 2. 1	1. 96	0. 824378316	lipoxygenase
Solyc03g122340. 2. 1	2. 04	0. 810173807	lipoxygenase
Solyc08g062220. 2. 1	2. 57	0. 8436937	UDP - glucose salicylic acid glucosyl-transferase（SGT）
Solyc08g006330. 2. 1	1. 55	0. 8007272	UDP - glucose salicylic acid glucosyl-transferase（SGT）
Solyc11g007490. 1. 1	2. 55	0. 875783	UDP - glucose salicylic acid glucosyl-transferase（SGT）
Solyc11g007500. 1. 1	2. 31	0. 8843725	UDP - glucose salicylic acid glucosyl-transferase（SGT）
Solyc01g095620. 2. 1	1. 55	0. 83632044	UDP−glucosyltransferase（UGT）
Solyc11g007390. 1. 1	3. 23	0. 878417212	UDP−glucosyltransferase（UGT）
Solyc07g043150. 1. 1	1. 96	0. 859505174	UDP−glucosyltransferase（UGT）
Solyc02g085660. 1. 1	3. 15	0. 882551266	UDP−glucosyltransferase（UGT）
Solyc12g042600. 1. 1	2. 56	0. 888733442	UDP−glucosyltransferase family 1 protein（UGT）

续表

基因 ID	$\log_2$(TC/TM)	P 值	基因名称
Solyc01g107780.2.1	1.85	0.858534679	UDP-glucosyltransferase family 1 protein (UGT)
Solyc01g107820.2.1	2.05	0.877043395	UDP-glucosyltransferase family 1 protein (UGT)
Solyc10g079930.1.1	1.84	0.853965793	UDP - glucosyltransferase HvUGT5876 (UGT)
Solyc07g006800.1.1	2.21	0.869689064	UDP - glucosyltransferase HvUGT5876 (UGT)
Solyc12g057080.1.1	1.93	0.831505779	UDP-glucuronosyltransferase(UGT)
Solyc12g057060.1.1	1.59	0.848394903	UDP-glucuronosyltransferase(UGT)
Solyc03g078490.2.1	2.67	0.8456977	UDP-glucuronosyltransferase (UGT)
Solyc03g071850.1.1	1.80	0.854173756	UDP - glucuronosyltransferase 1 - 6 (UGT)
Solyc12g009930.1.1	1.43	0.8174021	UDP - glucuronosyltransferase 1 - 6 (UGT)
Solyc04g040180.2.1	2.23	0.871623751	S-adenosylmethionine-dependent methyl-transferase
转录因子相关基因			
Solyc09g005610.2.1	3.17	0.886849170	bZIP transcription factor TGA2-like
Solyc02g080890.2.1	1.63	0.829923999	transcription factor WRKY31 isoform X1
Solyc02g094270.1.1	2.02	0.817843234	WRKY transcription factor 45

续表

基因 ID	$\log_2(\text{TC/TM})$	P 值	基因名称
Solyc06g066370.2.1	1.42	0.817320175	WRKY transcription factor 1
Solyc05g015850.2.1	2.76	0.846970671	WRKY transcription factor b
Solyc09g014990.2.1	1.64	0.803871895	WRKY-like transcription factor 26
Solyc09g089930.1.1	2.11	0.816948362	ethylene responsive transcription factor 1a
Solyc12g056590.1.1	1.92	0.816948362	ethylene responsive transcription factor 2a
Solyc04g071770.2.1	2.11	0.833591712	ethylene responsive transcription factor 2a
Solyc09g075420.2.1	2.20	0.864439571	ethylene responsive transcription factor 2b
Solyc09g091950.1.1	−1.54	0.875776711	ethylene responsive transcription factor 1
Solyc02g077370.1.1	1.91	0.810993055	ethylene responsive transcription factor 2
Solyc01g104740.2.1	2.70	0.887132756	ethylene responsive transcriptional coactivator
Solyc10g008700.1.1	2.69	0.818990182	MYB transcription factor
Solyc09g090790.2.1	2.26	0.848502036	MYB transcription factor
Solyc12g099130.1.1	2.73	0.807974439	MYB transcription factor
Solyc02g089190.1.1	3.13	0.822746121	MYB transcription factor
Solyc03g093890.2.1	2.06	0.826130248	MYB-related transcription factor
Solyc08g083090.1.1	1.65	0.817843234	susceptibility homeodomain transcription factor

续表

基因 ID	$\log_2(\text{TC/TM})$	P 值	基因名称
Solyc01g096510. 2. 1	2. 00	0. 830094151	sigma factor binding protein 1
Solyc05g054650. 1. 1	2. 03	0. 821567664	zinc finger transcription factor
Solyc02g087210. 2. 1	1. 41	0. 817206741	zinc finger AN1 domain – containing stress–associated protein
Solyc08g006470. 2. 1	2. 10	0. 876198939	zinc finger family protein（C_2H_2–type）
Solyc05g054650. 1. 1	2. 03	0. 821567664	zinc finger transcription factor
Solyc04g009440. 2. 1	1. 79	0. 849793927	NAC domain protein
Solyc12g013620. 1. 1	2. 28	0. 874434403	NAC domain protein

注：P 值 ≥0. 8 并且│$\log_2$ 比值│≥1 作为基因差异表达的阈值，$\log_2(\text{TC/TM})$ 值为正数表示上调表达，负数表示下调表达。

4.3.9.4　硫吸收及含硫化合物代谢相关的基因表达

从表 4-9 可以看出，伴生分蘖洋葱 20 天并接种黄萎病菌 3 天后，番茄根系硫吸收和含硫化合物代谢相关的基因表达发生了显著变化。高亲和硫酸盐转运蛋白（high affinity sulfate transporter）能够将土壤中的 SO_4^{2-} 转运到细胞内，TC 中两个高亲和硫酸盐转运蛋白基因的表达与 TM 相比显著上调表达；其中 1 个高亲和硫酸盐转运蛋白基因（Solyc09g082550. 2. 1）在 TC 中的表达是 TM 中的 16 倍。硫酸腺苷转移酶（sulfate adenylyltransferase）、腺苷酰硫酸还原酶（phosphoadenosine phosphosulfate reductase）和半胱氨酸合酶（cysteine synthase）将 SO_4^{2-} 经过还原及合成作用生成半胱氨酸（Cys），这三个酶的基因在 TC 中显著上调表达。1 - 氨基环丙烷 - 1 - 羧酸氧化酶（1 - aminocyclopropane - 1 - carboxylate oxidase）和 1 - 氨基环丙烷 - 1 - 羧酸合酶（1 - aminocyclopropane - 1 - carboxylate synthase）是含硫氨基酸——甲硫氨酸生物合成乙烯的关键酶，这两个酶在 TC 中显著上调表达；其中 1 - 氨基环丙烷 - 1 - 羧酸氧化酶（Solyc07g026650. 2. 1）和 1 - 氨基环丙烷 - 1 - 羧酸合酶（Solyc01g095080. 2. 1）在

TC 中的表达是 TM 中的 10 倍以上。合成甲硫氨酸的关键酶(胱硫醚 γ 裂解酶,cystathionine gamma-lyase)也在 TC 中上调表达。与抗氧化相关的酶的基因如谷胱甘肽 S-转移酶(glutathione S-transferase, GST)基因、蛋氨酸亚砜还原酶 A(peptide methionine sulfoxide reductase, msrA)基因、S-腺苷甲硫氨酸脱羧酶(S-adenosylmethionine decarboxylase proenzyme)基因以及催化水杨酸甲酯生物合成的 S-腺苷甲硫氨酸依赖的甲基转移酶(S-adenosylmethionine-dependent methyltransferase)基因都在 TC 中显著上调表达。金属硫蛋白(metallothionein-like protein type 2)基因在 TC 中下调表达。

表 4-9　硫转运及含硫化合物代谢相关基因的表达

基因 ID	$\log_2$(TC/TM)	P 值	基因名称
Solyc04g054730.2.1	1.71	0.830932305	high affinity sulfate transporter 2
Solyc09g082550.2.1	4.14	0.848035694	high affinity sulfate transporter 2
Solyc03g005260.2.1	1.85	0.858635510	sulfate adenylyltransferase
Solyc02g032860.2.1	2.07	0.862731753	phosphoadenosine phosphosulfate reductase
Solyc08g083110.2.1	1.76	0.821302983	cystathionine gamma-lyase
Solyc10g012370.2.1	1.74	0.846850935	cysteine synthase
Solyc07g049530.2.1	2.49	0.832236801	1-aminocyclopropane-1-carboxylate oxidase
Solyc07g026650.2.1	3.93	0.819387202	1-aminocyclopropane-1-carboxylate oxidase
Solyc12g006380.1.1	2.63	0.891739454	1-aminocyclopropane-1-carboxylate oxidase
Solyc09g089580.2.1	2.56	0.826911685	1-aminocyclopropane-1-carboxylate oxidase-like protein

续表

基因 ID	$\log_2(TC/TM)$	P 值	基因名称
Solyc04g009860.2.1	1.61	0.822418422	1-aminocyclopropane-1-carboxylate oxidase-like protein
Solyc01g095080.2.1	3.75	0.894367351	1-aminocyclopropane-1-carboxylate synthase
Solyc01g086680.2.1	1.67	0.814837222	glutathione S-transferase
Solyc10g084400.1.1	1.94	0.869342459	glutathione S-transferase
Solyc10g084400.1.1	1.94	0.869342459	glutathione S-transferase
Solyc12g097080.1.1	−1.37	0.804357142	glutathione S-transferase
Solyc09g091130.2.1	2.47	0.829186675	glutathione S-transferase
Solyc09g011510.2.1	2.21	0.868907627	glutathione S-transferase-like protein
Solyc09g011590.2.1	1.54	0.837877012	glutathione S-transferase-like protein
Solyc09g011620.1.1	3.19	0.896062565	glutathione S-transferase-like protein
Solyc09g011630.2.1	1.39	0.828266596	glutathione S-transferase-like protein
Solyc09g011550.2.1	2.76	0.861616314	glutathione S-transferase-like protein
Solyc09g011540.2.1	3.72	0.903839125	glutathione S-transferase-like protein
Solyc09g011520.2.1	2.03	0.876785017	glutathione S-transferase-like protein
Solyc07g056470.2.1	1.97	0.861143671	glutathione S-transferase-like protein
Solyc07g056420.2.1	2.51	0.879791029	glutathione S-transferase-like protein
Solyc07g056480.2.1	1.63	0.851520651	glutathione S-transferase-like protein
Solyc07g056500.2.1	2.44	0.880578768	glutathione transferase
Solyc01g081250.2.1	4.62	0.902061986	glutathione S-transferase
Solyc06g005470.2.1	−1.71	0.858345622	metallothionein-like protein type 2

续表

基因 ID	$\log_2(\text{TC/TM})$	P 值	基因名称
Solyc03g111720.2.1	1.46	0.815851829	peptide methionine sulfoxide reductase
Solyc02g089610.1.1	1.52	0.83312537	S-adenosylmethionine decarboxylase pro-enzyme
Solyc04g040180.2.1	2.23	0.871623751	S-adenosylmethionine-dependent methyl-transferase（fragment）

注:P 值≥0.8 并且 $|\log_2$ 比值 $|$ ≥1 作为基因差异表达的阈值,$\log_2(\text{TC/TM})$ 值为正数表示上调表达,负数表示下调表达。

4.4 讨论

4.4.1 差异表达基因(DEG)的 GO 分析和 Pathway 分析

植物在遭受病原体侵染时,会产生一系列的抗性反应。Tan 等人的研究表明,番茄与黄萎病菌互作时,番茄体内的苯丙烷代谢途径和植物-病原体互作途径的相关基因显著富集,GO 分析发现富集的差异表达基因主要参与次生代谢过程、信号转导过程等,说明这些功能和途径是植物响应病原体侵染的关键环节。本书研究中,在分蘖洋葱/番茄伴生栽培中,接种黄萎病菌 3 天后,番茄根的"代谢过程""响应刺激"等生物过程的基因显著富集并上调表达(图 4-6);参与"次生代谢物的生物合成""植物激素信号转导""植物-病原体互作"途径的基因也显著富集并上调表达(图 4-7),说明伴生增强了番茄的抗性响应。这个结果和 Tan 等人的结果一致。

4.4.2 木质素生物合成相关基因的表达

木质素的积累是植物被病原体侵染后发生的一个重要响应,并且抗病品种作物中木质素积累的量要高于感病品种作物。Gayoso 等人也发现在被黄萎病菌侵染后的 16 天，抗病品种番茄根中的木质素含量比感病品种的高 43%，但是在 28 天两者的木质素含量则无显著差异，说明抗病品种番茄在被病原体侵染后能迅速积累大量的木质素。本书研究中在接种黄萎病菌 3 天后，伴生的番茄根系中木质素合成的关键基因都上调表达，部分基因的表达超过单作番茄的 10 倍（Solyc03g071870.1.1，Solyc10g011930.1.1）（表 4-6），这暗示着伴生分蘖洋葱诱导番茄快速积累大量的木质素，增强物理屏障抵抗黄萎病菌。

4.4.3　抗病蛋白(酶)基因的表达

抗病蛋白(酶)在植物-病原体互作中发挥重要作用，如病程相关蛋白(几丁质酶、β-1,3-葡聚糖酶、PR1)、胰蛋白酶抑制剂、非特异性脂质转移酶、过敏反应蛋白、木聚糖酶、细胞壁相关受体蛋白激酶等。本书研究中编码这些抗病蛋白(酶)的基因在伴生的番茄根系中显著上调表达(表 4-7)。其中病程相关蛋白基因(Solyc05g054380.1.1，Solyc07g006700.1.1)、库尼茨胰蛋白酶抑制剂基因(Solyc03g098740.1.1，Solyc03g019690.1.1)、非特异性脂质转移蛋白基因(Solyc10g075100.1.1)在伴生的番茄根系的表达量为单作番茄的 10 倍。另外，细胞壁相关受体激酶 20 基因(Solyc01g100090.1.1)只在伴生的番茄根系中检测到。这些抗病蛋白(酶)基因表达的上调有助于番茄合成更多抗病蛋白(酶)，抵抗黄萎病菌的能力增强。在番茄中两个 Ve 基因是番茄的抗黄萎病菌基因，抗病品种的番茄 Ve 基因在番茄抵抗黄萎病菌的过程中发挥重要作用，但是在本书研究中并未检测到 Ve 基因的差异表达，说明伴生分蘖洋葱提高番茄抗病性不是依赖 Ve 基因，而是多种基因参与的复杂的抗性响应。

4.4.4　植物激素代谢及转录因子基因

植物激素及转录因子在植物与病原菌的互作中发挥重要的调控作用，植物激素主要是乙烯、SA 和茉莉酸，转录因子则有很多种。SGT 能够将 SA 催化成 SAG，研究表明噻菌灵诱导的抗性中，SGT 和 SAG 的积累密切相关，并且沉默掉 SGT 基因后，噻菌灵诱导的水稻对稻瘟病的抗性显著降低，说明 SGT 基因的上调表达对于植物的抗病性有重要作用。本研究中 4 个 *SGT* 基因在 TC 中上调表达,其可能与番茄对黄萎病菌的抗性有关。甲硫氨酸是合成乙烯的前体物质,TC 中甲硫氨酸合成酶(胱硫醚 γ 裂解酶)及乙烯合成的关键酶(1−氨基环丙烷−1−羧酸氧化酶和 1−氨基环丙烷−1−羧酸合酶)基因的上调表达意味着乙烯生物合成量的增加。乙烯是重要的植物激素,在植物抗病性方面发挥重要作用,外施乙烯可以增加番茄对灰霉菌(*Botrytis cinerea*)的抗性,而外施 1−甲基环丙烯(抑制对乙烯的感知)则增加对灰霉菌的易感性;用茉莉酸甲酯处理番茄果实,在处理后的 6 天内,显著降低了果实灰霉菌菌斑大小;并且乙烯含量显著高于对照(用水处理),说明外施茉莉酸甲酯可以通过提高乙烯的合成来提高番茄果实对灰霉菌的抗性。这些结果表明乙烯在番茄抵抗黄萎病菌的反应中也发挥重要作用。

4.4.5 防御相关的含硫物质的代谢

硫是植物生长发育所需的大量元素之一,在植物的抗病反应中发挥重要作用。在缺硫的土壤里植物对病害的抗性降低,病害增加,而在施硫肥后会增加植物的抗病性。硫增强植物抗病性的机制在于形成各种含硫的与防御相关的物质(SDC),如元素硫(S^0)、硫化氢(H_2S)、谷胱甘肽(GSH)、植物螯合肽等具有抑制病原菌活性的物质。含硫物质对于番茄植株内元素硫的积累以及对黄萎病抗性的提高有重要的作用,研究发现半胱氨酸作为重要的前体物质参与硫的代谢,很可能参与了 S^0 的积累。

在本书研究中,伴生分蘖洋葱 20 天并接菌 3 天后,伴生番茄(TC)根系的硫酸盐转运蛋白基因显著上调表达(表 4−9),这意味着番茄根系对硫的吸收量增加。SO_4^{2-} 在细胞内经过多个酶的作用被还原成半胱氨酸和甲硫氨酸,这个过程的多个关键酶在伴生的番茄根系中显著上调表达(表 4−9),这意味着转运到细胞内的 SO_4^{2-} 被高效地合成了含硫的氨基酸——半胱氨酸和甲硫氨酸,而半胱氨酸可能是番茄体内合成元素硫(S^0)的前体物质,对于提高番茄抗黄萎病能力有重要作用。

含硫化合物的氧化作用也是植物抵抗病原菌的策略之一。谷胱甘肽 S−转移酶(GST)基因是很大的一个基因家族,对于抗氧化发挥重要作用。过表达

GST 基因的烟草在冷、盐胁迫下表现出较低的脂质过氧化作用,并且保持较正常的代谢活性,而野生型的则脂质过氧化作用提高,代谢降低,谷胱甘肽的含量也增加。Lieberherr 等人发现,丁香假单胞菌侵染拟南芥后,引起两个 *GST* 基因 *GSTF*2 和 *GSTF*6 的快速积累,这种快速积累和水杨酸及乙烯的增加相关,证明了水杨酸和乙烯信号的结合诱导了 GST 的快速积累。在笔者的研究中,番茄根系的 16 个 *GST* 基因的表达较单作的番茄显著上调,并且乙烯生物合成的两个关键酶(1-氨基环丙烷-1-羧酸氧化酶和 1-氨基环丙烷-1-羧酸合酶)基因也显著上调表达(表 4-8),这和 Lieberherr 等人的发现一致。另外,蛋氨酸亚砜还原酶以及催化水杨酸甲酯生物合成的 S-腺苷甲硫氨酸依赖的甲基转移酶也都具有抗氧化活性并都在 TC 中显著上调表达。这些结果表明,伴生分蘖洋葱增强了硫转运及含硫化合物代谢相关基因的表达能力,提高了对黄萎病菌的抗性。

综上,伴生分蘖能够调节抗病相关基因如木质素合成相关的基因、植物激素代谢和信号转导相关基因、抗性蛋白(酶)基因以及硫和硫化物的代谢相关的基因上调表达,使番茄对黄萎病菌的抗性增强,进而对减轻番茄黄萎病起到积极的作用。

第 5 章

伴生分蘖洋葱调控番茄对黄萎病菌的抗性生理响应

5.1　引言

　　病原体侵染植物后,首先引起基因的表达变化,随即出现生理的各种响应,最后表现出抗病或感病的表型变化。在前期的研究中,我们发现伴生分蘖洋葱能够调控番茄根系抗病相关基因如病程相关蛋白基因、木质素合成基因、乙烯合成和信号转导途径的各种基因显著上调表达,在分子水平上证明伴生分蘖洋葱可以通过调控抗病相关基因的表达来增强番茄对黄萎病菌的抗性。那么在生理水平上,伴生分蘖洋葱又是怎样调控番茄对黄萎病菌的抗性响应呢?

　　植物酚类化合物是植物次生代谢物之一,属于苯丙烷代谢途径的产物,包括可溶性酚类化合物、木质素(酚类化合物的聚合物)以及酚类植保素(如绿原酸)、木质素合成的前体物质(如阿魏酸),在植物的抗病反应中具有重要的作用。除了本身对病原菌有毒害作用外,酚类化合物在植物体内还能被氧化成杀菌能力更强的醌类化合物,在植物的防御机制中扮演着重要角色。木质素也是植物体内酚类化合物的聚合物。植物体内的可溶性酚和木质素的含量与寄主抗性特别是诱导抗性联系密切,在产生诱导抗性的过程中,可溶性酚和木质素的含量显著提高。大多数研究表明,抗病品种在病原菌入侵初期,酚类化合物迅速积累,这对限制病原菌蔓延发展有着重要作用,而感病品种在感病初期酚类化合物积累慢,不能有效地防御病原菌侵入,这是酚类化合物抵抗病原菌的主要过程,如接种疫霉菌后抗病野生大豆茎中的木质素含量高于感病品种。这些结果表明总酚和木质素含量与植物的抗病性呈正相关。Gayoso 等人发现,*V. dahlia* 侵染后,抗病品种番茄的酚类化合物阿魏酸、香草醛、对羟基苯甲酸和木质素含量比感病番茄高。以上的结果表明,酚类化合物和木质素的含量能较好地反映出植物抗病性的差异,其与抗病性之间表现为正相关。

　　当植物处于逆境时,植物体内会积累活性氧(ROS),活性氧的积累会造成细胞膜脂过氧化,导致植物组织受到伤害。植物体内存在活性氧的清除系统,清除多余的 ROS,如超氧化物歧化酶(SOD)、过氧化物酶(POD)、过氧化氢酶(CAT)、多酚氧化酶(PPO)等抗氧化酶,以及非酶系统如谷胱甘肽(GSH)、抗坏血酸等。番茄遭受黄萎病菌侵染 24 h 内,抗病品种根系的 POD 活性显著高于感病品种;在硫供应条件下,抗病品种番茄子叶下胚轴的 GSH 含量显著高于感病品种。植物苯丙氨酸氨裂合酶(PAL)是苯丙烷代谢途径的第一个酶,是植物次生代谢物特别是植物保卫素和木质素合成途径中的限速酶。刘亚光等人发现 PAL 的活性与大豆抗灰斑病呈正相关关系;张江涛等人也发现 PAL 活性与水稻抗稻瘟病呈正相关。因此,PAL 活性也是评价植物抗病能力的重要指标。

乙烯是重要的植物激素,在植物抗病性方面发挥重要作用,如外施乙烯可以增加番茄对灰霉菌(Botrytis cinerea)的抗性,而外施 1-甲基环丙烯(抑制对乙烯的感知)则增加对灰霉菌的易感性;用茉莉酸甲酯处理番茄果实,在处理后的 6 天内,显著降低了果实灰霉菌菌斑大小,并且乙烯含量显著高于对照(用水处理),说明外施茉莉酸甲酯可以通过提高乙烯的合成来提高番茄果实对灰霉菌的抗性。在前期的研究中,接种黄萎病菌 3 天后,伴生的番茄根系乙烯生物合成和信号转导的相关基因都显著上调表达(表 4-8),这暗示着乙烯在提高番茄黄萎病抗性方面也发挥重要作用。另外,木质素合成相关的基因(表 4-6)、含硫化合物代谢相关的基因(表 4-9)都显著上调表达,因此本试验采用盆栽试验检测总酚含量、木质素含量、GSH 含量、乙烯含量、防御酶活性抗性相关的生理指标,在生理水平上研究伴生栽培中的番茄对黄萎病菌的响应。

5.2　材料与方法

5.2.1　试验材料

试验所用材料同 2.2.1。

5.2.2　试验仪器

立式压力蒸汽灭菌器(LDZM-60KCS)、生化培养箱、超净工作台(BCN-I 360B)、塑料花盆(12.5 cm ×10 cm×15 cm)、电子天平(ALC-210.4)、微量移液器、血球计数板、生物显微镜(XSP-36)、高速冷冻离心机(J2-MC)、气相色谱仪(7890A)、研钵、研杵、超微量分光光度计。

5.2.3 试验试剂

葡萄糖、琼脂糖、浓硝酸、HClO₄、MgCl₂·6H₂O、醋酸钠、无水乙醇、K₂SO₄、30%过氧化氢、阿拉伯胶、木质素、硫代硫酸钠、三氯乙酸、Na₂HPO₄·12H₂O、NaH₂PO₄·2H₂O、EDTA-Na₂、L-甲硫氨酸、硝基四氮唑蓝(NBT)、核黄素、甲醇、福林-酚试剂、Na₂CO₃、邻苯二酚、巯基乙酸、氢氧化钠、愈创木酚、过氧化氢、L-苯丙氨酸、磺基水杨酸、三乙醇胺、NADPH、二硫代硝基苯甲酸、谷胱甘肽还原酶、乙烯标准气体。

5.2.4 试验设计与方法

5.2.4.1 育苗和病原菌培养

番茄育苗及分蘖洋葱的保存同2.2.4.1,黄萎病菌的孢子悬浮液制备同2.2.4.2。

5.2.4.2 试验设计

试验为盆栽,盆大小 12.5 cm ×10 cm×15 cm。共设两个处理,即单作番茄(TM)和伴生分蘖洋葱番茄(TC),伴生栽培方法同2.2.4.3。试验采用随机区组设计,每个小区每个处理25株。定植前,4叶期的番茄幼苗根系和分蘖洋葱鳞茎先用自来水冲洗干净,然后用无菌水冲洗三次。定植后的番茄于东北农业大学设施园艺工程中心塑料大棚内培养。所用土壤为高压蒸汽灭菌三次的番茄连作土;番茄浇水使用的是灭菌的自来水,每个盆等量浇水,保证土壤湿度为60%~70%。

5.2.4.3 取样及预处理

伴生栽培20天后开始接种黄萎病菌孢子悬浮液,接种方法及接种量同2.2.4.3。在接菌后的0天,1天,3天,5天,7天时取样。取样时小心取出番茄根系,用自来水冲洗干净,然后用蒸馏水冲洗 3 次,用滤纸吸干根系表面水分。用剪刀将根系剪下放到锡纸中包好,于液氮中速冻,置于-80 ℃ 冰箱保存。为了降低个体差异造成的误差,每次取样时每个小区每个处理每三株番茄根系混合成为一个样品,即每个时期每个处理共 3 个混合样品。为了测定根系乙烯的释放量,在接种黄萎病菌 0 天和 3 天后,小心地将番茄根系取出(不伤根),洗净,用吸水纸吸干根系表面水分。将整个根系剪下立即放入 100 mL 的锥形瓶中,并立即用封口膜封闭。常温下放置 6 h,用于乙烯测定,每个处理重复 3 次。

5.2.4.4　总酚和木质素含量测定

总酚和木质素含量测定参照 Rodrigues 等人的方法。将冷冻的番茄根系于预冷的研钵中,加入液氮,研磨成粉末,迅速称取 0.1 g 粉末放入 2 mL 预冷的离心管中,加入 80% 甲醇 1.5 mL,混匀。离心管用铝箔包裹,于黑暗中在 25 ℃ 条件下 150 r·min^{-1} 振荡过夜。4 ℃ 12 000 g 离心 5 min,上清液用于测定总酚含量,沉淀用于测定木质素含量,测定之前都保存在-20 ℃ 冰箱中。

总酚含量测定:取上清液 200 μL,加入 0.25 mol·L^{-1} 福林-酚试剂 200 μL,混匀,室温下孵育 5 min。然后加入 200 μL 浓度为 1 mol·L^{-1} 的 Na_2CO_3 溶液,混匀,室温下孵育 10 min。然后加入 1 mL 去离子水,混匀,室温下孵育 1 h。反应混合物在 725 nm 下比色,测吸光度。用邻苯二酚做标准,标准曲线 $y = 0.2549x - 0.0187$($R^2 = 0.9566$),单位为 mg·kg^{-1}。

木质素含量测定:向获得的沉淀中加入 1.5 mL 去离子水,漩涡混匀,4 ℃ 12 000 g 离心 5 min。去上清,将沉淀置于 65 ℃ 干燥箱中干燥过夜。将巯基乙酸和浓度为 2 mol·L^{-1} HCl 按 1:10 的比例混合,然后将 1.5 mL 此混合液加入干燥的沉淀中。摇匀后进行沸水浴 4 h,然后立即用冰水冷却,在 4 ℃ 下保持 10 min。4 ℃ 12 000 g 离心 10 min,弃上清。加入 1.5 mL 去离子水冲洗沉淀,然后 4 ℃ 10 000 g 离心 10 min,弃上清。加入 1.5 mL 浓度为 0.5 mol·L^{-1} 的 NaOH 溶液,室温下 150 r·min^{-1} 振荡过夜。翌日 10 000 g 离心 10 min,上清液移入新的离心管中,弃沉淀。将 200 μL 浓 HCl 加入上清液中,4 ℃ 下保持 4 h,使木质素-巯基乙酸衍生物充分沉淀。10 000 g 离心 10 min,弃上清,加入 2 mL 浓度为 0.5 mol·L^{-1} 的 NaOH 溶解沉淀物。用紫外分光光度计测定 280 nm 吸光度,用木质素标准品进行反应制作标准曲线,得到标准曲线方程为 $y =$

$0.0019x + 2.829(R^2 = 0.9969)$，单位用 mg·g^{-1} 表示。

5.2.4.5　酶活性和 GSH 及 MDA(丙二醛)含量

(1)粗酶液提取

粗酶液提取采取 Wang 等人的方法，提取的粗酶液用于 MDA 含量和 SOD、POD、PPO、PAL 活性测定。将-81 ℃保存的番茄根系放在液氮预冷的研钵中，研磨至粉末。在粉末未融化前迅速称取 0.5 g(因为粉末融化速度很快，所以称取时精确到 0.5±0.05 g 范围内，并记录质量，以备随后计算时使用)放入 10 mL 离心管中。加入 8 mL 0.05 mol·L^{-1} 的磷酸钠缓冲液(pH=7.8)，4 ℃ 12 000 g 离心 20 min，上清液于 4 ℃中保存用于 MDA 含量和酶活性测定。

(2)MDA 含量测定

MDA 含量测定采用硫代巴比妥酸法。取 10 mL 离心管，加入 2 mL 粗酶液，然后加入 2 mL 0.6% 硫代巴比妥酸，沸水浴 10 min，然后立即放入凉水中冷却。用超微量分光光度计分别在 450 nm，532 nm 和 600 nm 测量吸光度。粗酶液中 MDA 浓度 c (μmol·L^{-1})用以下公式计算：

$$c (\mu mol \cdot L^{-1}) = 6.45(OD532 - OD600) - 0.56OD450$$

OD 表示吸光度。番茄根系样品中 MDA 含量用每克鲜重所含 MDA 物质的量表示(nmol·g^{-1})，MDA 含量=MDA 浓度×提取液体积/植物组织鲜重。

(3)SOD 活性测定

SOD 活性测定用 NBT 法。取 5 mL 离心管，按照以下顺序加入各试剂：1.5 mL 0.05 mol·L^{-1} 磷酸缓冲液 (pH=7.8)，0.3 mL 0.1 mmol·L^{-1} EDTA-Na$_2$，0.3 mL 0.13 mol·L^{-1} 甲硫氨酸(蛋氨酸)，0.3 mL 0.75 mmol·L^{-1} NBT，0.3 mL 0.02 mmol·L^{-1} 核黄素，0.05 mL 粗酶液，0.25 mL 去离子水，总体积为 3 mL。放在光照培养箱中光照 10~20 min，以颜色变化为反应终点。另取两个离心管以缓冲液代替酶液作为对照，将其中一个对照管置暗处，另一个管与其他管一样放置于光照下。反应结束后，以不照光的管作为空白对照，分别测定其他各管在 560 nm 波长下的吸光度。SOD 活性单位以抑制 NBT 光化还原的 50% 为一个酶活性单位表示，按下式计算 SOD 活性：

$$SOD 活性 = (A_{ck} - A_E) \times V/(A_{ck} \times 0.5 \times W \times V_t)$$

式中,A_{ck} 为对照管的吸光度;A_E 为样品管的吸光度;V 为样品液总体积(mL);V_t 为测定时样品用量(mL);W 为样品鲜重(g);SOD 活性以每克鲜重酶单位 (U·g^{-1}) 表示。

(4)POD 活性测定

POD 活性的测定采用愈创木酚法。反应混合液制备:将 50 mL 0.05 mol·L^{-1}磷酸钠缓冲液(pH=7.8)放于烧杯中,加入 28 μL 愈创木酚原液,完全溶解后,加入 19 μL 30%过氧化氢,摇匀后 4 ℃保存备用。取两个光径为 1 cm 的比色杯,向其中一个加入 3 mL 反应混合液和 1 mL 磷酸钠缓冲液作为对照调零;向另一个加入 3 mL 的反应混合液和 1 mL 的粗酶液。加完酶液之后立即计时并记录在 470 nm 处的吸光度;每隔 1 min 读数 1 次,持续到 3 min。以每分钟内 ΔOD470 变化 0.01 为 1 个过氧化物酶活性单位(U),即 U·g^{-1}·min^{-1}。

(5)PPO 活性测定

参考 Liu 等人的方法。向比色杯中依次加入 0.05 mol·L^{-1} 的磷酸钠缓冲液(pH=7.8)2 mL,粗酶液 1 mL,最后加入 0.2 mol·L^{-1} 的邻苯二酚 0.5 mL,立即读取在 410 nm 波长下的吸光度,以后每隔 1 分钟读取 1 次,共 3 次。以每分钟内 ΔOD410 变化 0.01 为 1 个多酚氧化酶活性单位(U),即 U·g^{-1}·min^{-1}。

(6)PAL 活性测定

PAL 活性测定采用 Wang 等人的方法。向离心管中依次加入 0.05 mol·L^{-1}磷酸盐缓冲液(pH=7.8)2.7 mL,0.02 mol·L^{-1} L-苯丙氨酸 1 mL,粗酶液 0.3 mL,30 ℃ 孵育 60 min,加入 0.2 mL 6 mol·L^{-1} 的稀盐酸终止反应,使用紫外分光光度计在 290 nm 测定吸光度,以不加粗酶液的反应液作为对照,酶活性单位定义为 OD290 吸光度改变 0.01 为比活性单位(U),用 U·g^{-1}·h^{-1} 表示。

5.2.4.6 GSH 含量

根系 GSH 含量参考李忠光等人的方法。将-80 ℃保存的番茄根系样品在液氮条件下研磨成粉,迅速称取 0.3 g 粉末于 10 mL 离心管中,加入 6 mL 预冷的 5%磺基水杨酸。12 000 g 离心 20 min,上清液用于测定 GSH。在 96 孔板上按照以下顺序加入各反应物质:10 μL 5%磺基水杨酸,5 μL 浓度为 1.84 mol·L^{-1} 的三乙醇胺,25 ℃温育 1 h;141 μL 浓度为 50 mmol·L^{-1} 的磷酸缓冲液(含 EDTA 25 mmol·L^{-1}),4 μL 浓度为 10 mmol·L^{-1} 的 NADPH,16 μL 125 mmol·L^{-1}

的 DTNB,10 μL 样品液;25 ℃温育 10 min;4 μL 浓度为 150 U·mL^{-1} 的 GR(谷胱甘肽还原酶)启动反应,反应 10 min 后在 412 nm 测吸光度。标准曲线制作:将标准品 GSH 用 5%磺基水杨酸配制成 1 μg·mL^{-1}、2 μg·mL^{-1}、2.5 μg·mL^{-1}、4 μg·mL^{-1}、5 μg·mL^{-1} 的标准液,按照上述反应程序测定吸光度;测得吸光度分别为 0.1410、0.1991、0.2250、0.3375、0.3380,绘制标准曲线为 $y = 0.0616x + 0.0776$($R^2 = 0.9926$)。根据样品鲜重和标准曲线计算样品中的 GSH 含量。

5.2.4.7　内源乙烯释放检测

采用气相色谱法测定番茄根系释放的乙烯量。测定完毕后将根系称重,比较单位鲜重的乙烯释放量。气相色谱检测条件:氢火焰离子检测器,柱温55 ℃,进样室温度 150 ℃,检测器温度为 250 ℃,空气压力为 49 kPa,H$_2$压力为 70~80 kPa,N$_2$压力为 110 kPa,进样体积为 10 μL。用乙烯作为标准气体,根据峰面积大小比较乙烯释放量。

5.3　统计分析

采用 Microsoft Office Excel 软件整理原始数据,采用 SPSS 16.0 软件处理数据,使用 ANOVA 分析及 Tukey 检验($p \leq 0.05$)。

5.4　结果

5.4.1　总酚和木质素含量变化

伴生分蘖洋葱 20 天后,对番茄接种黄萎病菌,检测接菌后的 0 天、1 天、3天、5 天、7 天番茄根系总酚和木质素含量。结果显示,对于总酚含量,在未接菌和接菌 1 天后,伴生的番茄根系总酚含量和单作的番茄根系无显著差异;接菌后的 3 天、5 天、7 天,伴生分蘖洋葱的番茄根系总酚含量都显著高于单作的番茄($p \leq 0.05$),如图 5-1(a)所示。无论是单作还是伴生的番茄,在整个试验过程中,总酚含量都是先升高后降低,在 3 天时达到最高,随后下降维持在相对稳

定的状态,不过值得注意的是,伴生的番茄总酚含量下降的幅度较小而单作的
下降幅度大。

对于木质素含量,在未接菌时,伴生的番茄根系木质素含量和单作的番茄
根系无显著差异;接菌后的 1 天和 5 天,伴生的番茄根系木质素含量显著高于
单作的番茄($p \leqslant 0.05$),如图 5-1(b)所示;在 3 天和 7 天,伴生的番茄根系木质
素含量稍高于单作的番茄,但是差异不显著。尽管这样,从总的趋势来看,接菌
后伴生的番茄根系木质素含量要高于单作的番茄。

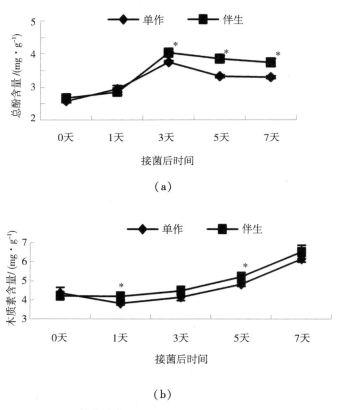

（a）

（b）

图 5-1　接种黄萎病菌的番茄根系总酚和木质素含量的变化

注:∗表示差异显著($p \leqslant 0.05$)。

5.4.2　丙二醛(MDA)含量的变化

从图 5-2 可以看出,在未接菌时(0 天),伴生的番茄根系中的 MDA 含量显著低于单作的番茄($p \leqslant 0.05$)。接种黄萎病菌后,除了 3 天两个处理间无显著差异外,其他几个时期(1 天、5 天、7 天)伴生的番茄根系 MDA 含量都显著低于单作的番茄($p \leqslant 0.05$)。无论是单作的番茄还是伴生的番茄,其根系 MDA 含量都比未接菌前高,并且在接菌 1 天后达到最高,随后开始降低,维持一个相对稳定的水平。

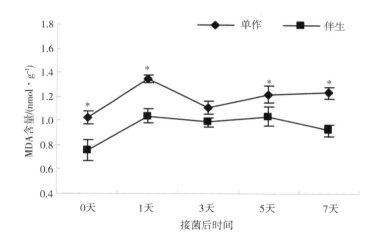

图 5-2　接种黄萎病菌的番茄根系 MDA 含量的变化

注:* 表示差异显著($p \leqslant 0.05$)。

5.4.3　防御酶活性变化

从图 5-3 可以看出,接菌前(0 天)SOD 活性在单作和伴生两个处理间无显著差异;接菌后的 1 天、3 天和 7 天,伴生的番茄根系 SOD 活性显著低于单作的番茄($p \leqslant 0.05$),如图 5-3(a)所示。对于 POD 活性,接菌前(0 天)在单作和伴生两个处理间无显著差异;接菌后 1 天和 3 天,伴生的番茄根系 POD 活性显著高于单作的番茄,5 天时单作的番茄 POD 活性显著高于伴生的番茄,7 天时则无显著差异,如图 5-3(b)所示。未接菌及接菌 1 天,PPO 活性在两个处理间无显著差异,3 天和 5 天时伴生的显著高于单作的,如图 5-3(c)所示。未接菌时 PAL 活性在两个处理间无显著差异,1 天和 3 天,伴生的显著高于单作的,5 天时则相反,7 天时又无显著差异,如图 5-3(d)所示。

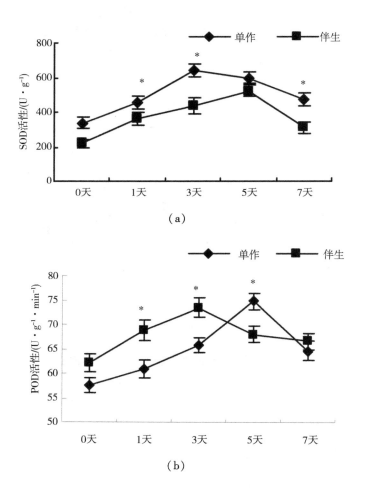

（a）

（b）

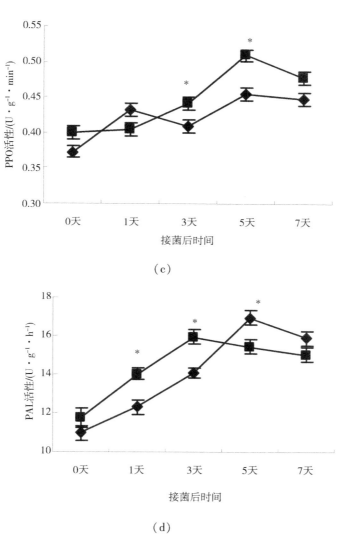

（c）

（d）

图 5-3　接种黄萎病菌的番茄根系酶活性的变化

注：* 表示差异显著（$p \leqslant 0.05$）。

5.4.4　谷胱甘肽（GSH）含量变化

从图 5-4 可以看出，在未接菌时（0 天），伴生和单作的番茄根系 GSH 含量

无显著差异;接菌后1天,无论是单作的番茄还是伴生的番茄,GSH含量都迅速
升高,并且伴生的番茄根系中GSH含量显著高于单作的。随后,两个处理中
GSH含量都下降,5天时又升高,伴生的显著高于单作的($p \leqslant 0.05$);但是在7
天时,伴生的低于单作的。

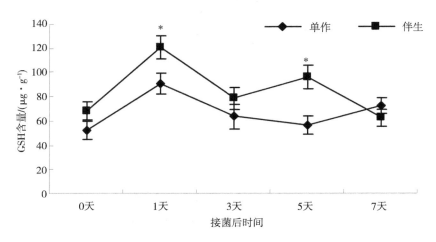

图 5-4　接种黄萎病菌的番茄根系 GSH 含量的变化
注:＊表示差异显著($p \leqslant 0.05$)。

5.4.5　乙烯含量变化

用乙烯的标准品进行进样分析,发现乙烯保留时间为1.601 min,在样品的
检测中保留时间为1.598 min处检测到峰,如图5-5所示,即为样品中的乙烯。
结果表明,从峰面积比较来看,无论是未接菌(0天)还是接菌3天后,伴生的番
茄根系释放的乙烯量都显著高于单作的番茄($p \leqslant 0.05$);无论是单作的番茄还
是伴生的番茄,接菌后番茄根系的乙烯释放量比未接菌前高,如图5-6所示。

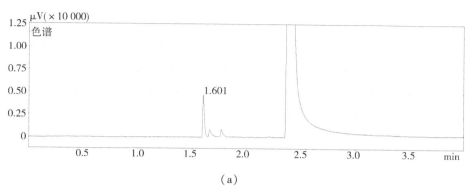

（a）

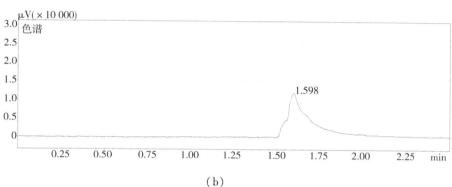

（b）

图 5-5　乙烯标准品和样品的 GC 图

注：（a）为乙烯标准品 GC 图；（b）为样品 GC 图。

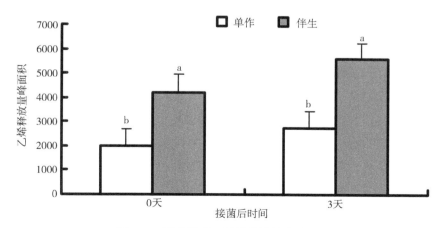

图 5-6　番茄根系乙烯释放量的变化

注：柱上方的小写字母不同表示差异显著（$p \leqslant 0.05$）。

5.5 讨论

5.5.1 总酚和木质素含量变化

　　总酚和木质素都属于植物次生代谢产生的酚类化合物,属于苯丙烷代谢途径的产物。研究表明,木质素和总酚在植物的抗病反应中发挥重要作用,与寄主抗性特别是诱导抗性有密切联系,抗病品种的木质素和总酚含量在病原体侵染时的积累量和速度都显著高于感病品种,抗病品种在病原菌入侵初期,酚类化合物迅速积累,这对限制病原菌蔓延发展有着重要作用,而感病品种在感病初期酚类化合物积累慢,不能有效地防御病原菌侵入,这是酚类化合物抵抗病原菌的主要过程。在本书研究中,未接种黄萎病菌时,伴生的番茄根系中总酚和木质素含量与单作的番茄无显著差异;但是病原体侵染后,伴生的番茄根系总酚和木质素含量都高于单作的番茄(图5-1),说明伴生栽培能够使番茄积累更多的总酚和木质素,使番茄在被病原菌侵染的早期迅速积累有助于提高番茄抗病性的物质,降低被病原菌侵染的机会。木质素的积累能够增强寄主细胞壁抵抗病原菌穿透的能力,从而限制病原菌的酶和毒素向寄主扩散并阻止病原菌从寄主获得营养。卢国理等人发现水稻合系-41与黄壳糯间作显著提高黄壳糯叶片中总酚含量,降低稻瘟病的发生。Xu等人也发现伴生小麦并接种枯萎病菌提高了西瓜叶片的总酚含量和木质素含量,降低了西瓜枯萎病发病率。

　　番茄根系总酚含量和木质素含量提高是总酚和木质素生物合成的基因表达量提高的结果。在笔者前期的研究中,发现木质素合成的相关基因都上调表达(表4-6),并且苯丙烷代谢途径的基因也都上调表达,这与木质素和总酚含量升高的结果相一致,这就从分子水平和生理水平两方面证明了伴生分蘖洋葱能够提高番茄根系总酚和木质素含量,说明伴生分蘖洋葱可以通过提高总酚和木质素的合成能力调控番茄对黄萎病菌的抗性。

5.5.2　MDA(丙二醛)含量的变化

MDA(丙二醛)是细胞多元不饱和脂肪酸氢过氧化物的分解产物,伴随着活性氧(ROS)的产生而产生,MDA 含量常被作为细胞膜膜脂过氧化作用的一个指标。在本书研究中,未接菌之前(0 天),伴生的番茄根系内 MDA 含量显著低于单作的番茄根系,说明伴生的番茄根系内的 MDA 积累比较少,这就暗示着伴生的番茄根系受到的伤害要小于单作的番茄根系。这可能是伴生分蘖洋葱之后改善了土壤的环境条件所致。在前文中提到,常年的单一连作导致土壤盐碱化、酸化程度增加,会造成植物 MDA 含量的增加,而伴生分蘖洋葱可能通过改善土壤环境降低植株中 MDA 的积累。这和前人的研究相一致,Wang 等人在研究茄子/大蒜间作系统中茄子的生理变化时发现,间作茄子叶内的 MDA 含量显著低于单作的茄子;Ren 及苏世鸣等人也发现,西瓜/旱作水稻间作能够降低西瓜叶和根的 MDA 含量。

接种黄萎病菌后,无论是单作的番茄还是伴生的番茄,其根系内的 MDA 含量都比未接菌前要高,说明病原体的侵染对番茄造成了生理伤害。特别是接菌后 1 天,MDA 含量达到最高,在随后的几天内,MDA 含量先降低后升高至趋于接菌前的含量,说明番茄体内启动了防御机制来降低病原体侵染造成的伤害。除了第 3 天,在接菌后的其他几个时间点(1 天、5 天、7 天),伴生的番茄根系的MDA 含量显著低于单作的番茄,说明番茄受到的伤害较轻,这和番茄黄萎病的发病率和病情指数低相一致,因此伴生分蘖洋葱可以降低黄萎病菌的侵染对番茄造成的伤害。伴生分蘖洋葱降低 MDA 含量的原因可能有三个:一是伴生的番茄根系的病原体少,因为伴生的番茄根系可以分泌出能够抑制病原菌的活性物质(图 3-1 和图 3-2);二是伴生番茄的抗性系统反应迅速,抗性增加,如木质素含量增加、酚类化合物增加以及病程相关蛋白的表达增加都有利于番茄抵抗病原体的攻击;三是伴生分蘖洋葱诱导抗氧化物质(SOD、POD、GSH 等)快速响应,消除了过多的 ROS(图 5-3,图 5-4)。Xu 等人也发现小麦伴生西瓜栽培,在接菌后的 5 天、10 天和 15 天,西瓜叶片内 MDA 含量都显著低于单作的西瓜,这和笔者的研究结果一致。这些结果说明伴生栽培可以降低植物体内的 MDA 积累,减轻逆境对作物的伤害。

5.5.3 防御酶活性变化

越来越多的证据表明活性氧(ROS)在植物的生命活动调控中发挥重要作用,在逆境下常观察到 ROS 的积累,这导致体内氧化还原稳态的失调。体内 ROS 的积累会对细胞造成损伤,使 MDA 含量升高。植物体内有两类清除多余 ROS 的系统,一类是酶系统,如 SOD、POD、CAT 等;另一类是非酶系统,如 GSH、抗坏血酸等物质。在本书研究中,在接菌后的不同时间,伴生的番茄根系 SOD 活性低于单作的番茄[图 5-3 (a)],POD 活性和 GSH 含量伴生的番茄高于单作[图 5-3(b)和图 5-4]。SOD 可以将超氧离子还原成过氧化氢,它在伴生的番茄根系中的降低可能是因为伴生的番茄根系中超氧离子产生少,MDA 含量的降低也能说明细胞膜受到的氧化伤害少。POD 种类繁多,不仅能还原过氧化氢,还能参与木质素的合成等重要生物代谢过程。在本书研究中,POD 活性在接菌后的 1 天和 3 天升高;在接菌后的 1 天和 5 天,伴生番茄根系中 GSH 含量显著高于单作的番茄(图 5-4),这些结果表明,植物体内的活性氧清除系统是非常复杂的,多种物质共同协作,共同维持氧化还原态的稳定。施硅能提高小麦抗病性,对于感病品种,不施硅处理的第 5 天 POD 活性达到高峰,以后酶活性则迅速降低,而施硅处理的 POD 活性则一直保持较高水平。

PPO 和 PAL 也在植物与病原菌的互作中发挥作用。不同玉米品种感染玉米粗缩病毒,抗病品种的 POD 和 PPO 活性显著高于感病品种;木霉菌处理黄瓜幼苗后,提高了 PAL、POD、PPO 活性,降低了黄瓜枯萎病病情指数。在本书研究中,在接菌的不同时间,伴生的番茄根系中 PPO 活性和 PAL 活性提高;在个别时间如接种后 5 天,POD 和 PAL 活性则单作的高于伴生,这是因为伴生的番茄响应快,酶活性提高快,而单作的提高慢,当伴生的酶活性达到峰值逐渐降低时,单作的正值峰值,所有才会出现单作的酶活性高于伴生的。防御酶活性的提高也对提高番茄的抗性起到积极的作用。

5.5.4 乙烯含量变化

乙烯是重要的植物激素,在植物抗病性方面发挥重要作用,外施乙烯可以

增加番茄对灰霉菌的抗性,而外施 1-甲基环丙烯(抑制对乙烯的感知)则增加
对灰霉菌的易感性;用茉莉酸甲酯处理番茄果实,在处理后的 6 天内,显著降低
了果实灰霉菌菌斑大小,并且乙烯含量显著高于对照(用水处理),说明外施茉
莉酸甲酯可以通过提高乙烯的合成来提高番茄果实对灰霉菌的抗性。在本书
研究中,在未接菌及接菌后 3 天,伴生的番茄根系乙烯释放量都高于单作的番
茄(图 5-6);在 RNA-seq 分析中,伴生的番茄根系乙烯生物合成和信号转导的
相关基因都显著上调表达(表 4-8),这两个结果高度一致,从生理和分子水平
上都证明了乙烯生物合成的增加,说明乙烯在提高番茄黄萎病抗性方面发挥重
要作用。乙烯能促进果实的成熟和植株的衰老,在未接菌前,伴生的番茄根系
的乙烯释放量显著高于单作的番茄,这个现象对于番茄的生长是不是有负面影
响?吴霞等人的盆栽试验证实,伴生分蘖洋葱对番茄的生长具有促进作用,没
有观察到番茄提前衰老的形态学特征。在本书研究中,两年的田间试验结果不
一致,2014 年伴生分蘖洋葱的番茄的产量显著提高,但是 2015 年则无显著影响
(表 2-1),两年的试验结果虽然不一致,但是可以确定的是没有造成番茄产量
的下降,并且从形态学上也没有观察到伴生的番茄有提前衰老的现象。因此,
伴生的番茄根系中乙烯释放量虽然比单作的高,但是浓度有可能在正常范围
内,所以没有对番茄本身造成负面的影响。

　　总之,伴生分蘖洋葱能通过调控番茄的抗性生理变化来提高对黄萎病菌的
抗性:提高番茄根系内的总酚含量、木质素含量防御黄萎病菌的侵入;同时依靠
复杂的抗氧化系统(抗氧化酶、GSH 等)清除体内多余的活性氧,维持体内的氧
化还原稳态;通过调节乙烯的生物合成,调控抗病相关基因的高表达,这对于减
轻番茄黄萎病起到重要的作用。

第 6 章

伴生分蘖洋葱对番茄根系硫及含硫化合物代谢的影响

6.1　引言

硫是植物生长发育所需要的大量元素之一,在植物的抗病反应中发挥重要作用。在缺硫的土壤里植物对病害的抗性降低,病害增加,而在施硫肥后则增加植物的抗病性。硫增强植物抗病性的机制在于形成各种含硫的防御相关的物质(SDC),如元素硫(S^0)、硫化氢(H_2S)、谷胱甘肽(GSH)、植物螯合肽等具有抑制病原菌活性的物质。S^0 是目前报道过的唯一一种无机的抗毒素。1996年,人们首先从抗黄萎病菌的可可(*Theobroma cacao*)中鉴定出具有抗性作用的 S^0,后来在感染黄萎病菌的番茄和棉花,感染尖孢镰刀菌(*Fusarium oxysporum*)的烟草和四季豆,以及感染青枯劳尔氏菌(*Ralstonia solanacearum*)的番茄等植物的木质部中都检测到 S^0。Williams 和 Cooper 发现 S^0 对黄萎病菌和尖孢镰刀菌的孢子萌发和芽管的生长具有毒性,但是对细菌病原体以及疫霉属则没有作用;S^0 在植物与病原体互作时且在特定的时间与部位大量积累,以提高植物抗性。元素硫在抗病品种中积累的速度和含量都高于感病品种,如接种黄萎病菌10 天后,首先在抗病品种的辣椒中检测到 S^0,在 21 天达到最高水平;在15 天后才在感病品种中检测到 S^0,在未接种的对照植株中未检测到。硫营养对于番茄植株内 S^0 的积累以及对黄萎病抗性的提高有重要的作用,研究发现半胱氨酸作为重要的前体物质参与硫的代谢,很可能参与了 S^0 的积累;在高硫($25\ mmol\cdot L^{-1}$)供应条件下,可以显著降低抗病和感病品种番茄茎中的黄萎病菌的扩散,并且与抗氧化相关的谷胱甘肽含量增加,这些结果说明高硫供应可以通过增加 S^0 和含硫化合物来增加番茄抗病性。

在笔者前期的研究中,发现伴生分蘖洋葱能够提高番茄对黄萎病菌的抗性,减轻番茄的黄萎病害。值得注意的是,番茄在接种黄萎病菌(黄萎病菌生理小种 1)后,根系中硫吸收及代谢相关基因绝大部分都上调表达,如高亲和硫酸盐转运蛋白(Solyc04g054730. 2. 1,Solyc09g082550. 2. 1)、半胱氨酸合酶(Solyc10g012370. 2. 1)、谷胱甘肽 S - 转移酶(Solyc01g086680. 2. 1,Solyc10g084400. 1. 1,Solyc12g097080. 1. 1,Solyc09g091130. 2. 1)等(表 4-9),因此笔者推测在伴生分蘖洋葱的栽培中,硫在番茄抗黄萎病菌过程中发挥重要作用。这就产生了新的问题:硫吸收基因(高亲和硫酸盐转运蛋白基因,

Solyc04g054730.2.1,Solyc09g082550.2.1)的上调表达是受伴生分蘖洋葱所诱导还是受黄萎病菌所诱导,还是二者的共同作用? 和土壤中硫营养有没有关系? 硫吸收相关基因的上调表达会不会提高植株全硫及含硫化合物的含量? 为了弄清楚这些问题,笔者通过盆栽试验来检测伴生分蘖洋葱系统中:(1)番茄接菌及未接菌条件下,番茄根系高亲和硫酸盐转运蛋白(ST3)基因的表达情况;(2)接菌和未接菌条件下,土壤有效硫及番茄植株全硫的含量变化;(3)伴生分蘖洋葱对接菌后的番茄根系抗氧化含硫物质谷胱甘肽含量的影响;(4)分蘖洋葱根系分泌物对土壤有效硫含量的影响。

6.2 材料与方法

6.2.1 试验材料

番茄品种为"齐研矮粉",分蘖洋葱品种为"绥化"。

6.2.2 试验仪器

立式压力蒸汽灭菌器(LDZM‑60KCS)、塑料花盆(20 cm×7.5 cm×11.5 cm)、超净工作台(BCN‑I 360B)、恒温摇床(ZHWY‑2102)、电子天平(ALC‑210.4)、电热鼓风干燥箱、生化培养箱、血球计数板、生物显微镜(XSP‑36)、磁力搅拌器、培养皿、0.22 μm 微孔滤膜、烧杯、锥形瓶、纱布、剪刀、液氮罐、无菌滤器、粉碎机、微量移液器、高速冷冻离心机(J2‑MC)、EP 管、凝胶成像系统、稳压稳流电泳仪(DYY‑8C)、微型电泳槽(H6‑1)、超微量分光光度计、PCR 仪(PTC‑200)、实时荧光定量 PCR 系统、消煮管、弯头小漏斗、通风橱、消煮器、容量瓶。

6.2.3 试验试剂

葡萄糖、琼脂糖、TRIzol、氯仿、无水乙醇、异丙醇、$HClO_4$、浓 HCl、NaAc、

HNO_3、K_2SO_4、30%过氧化氢、阿拉伯胶、冰醋酸、谷胱甘肽、三乙醇胺、EDTA、NADPH、DTNB、GR(谷胱甘肽还原酶)、$MgCl_2 \cdot 6H_2O$、$BaCl_2 \cdot 2H_2O$ 晶粒、磺基水杨酸、$Ca(H_2PO_4)_2 \cdot H_2O$。

6.2.4 试验设计和方法

6.2.4.1 试验设计及取样

番茄育苗同 2.2.4.1,黄萎病菌的孢子悬浮液制备同 2.2.4.2。将 4 叶期的番茄幼苗定植于盛有 2.5 kg 高压蒸汽灭菌三次的番茄连作土的盆中。试验设番茄单作和分蘖洋葱伴生两个处理,伴生栽培方法同 2.2.4.3,随机区组设计,共 3 个小区,每个小区每个处理 20 个重复。伴生栽培后 10 天、20 天、30 天分别取番茄根际土和番茄根系。在伴生 20 天时对两个处理的部分番茄植株接菌,接菌量为每株接种 20 mL 浓度为每毫升含 1.0×10^7 个孢子的悬浮液。接菌的植株在接菌后 10 天(即伴生后的 30 天)和其他番茄植株一起取样。

取样方法:取样之前保持土壤湿度,使之既不太干也不太湿。用手掌轻轻拍打盆外壁,使土壤松散,小心取出番茄根系,轻轻抖掉番茄根系土壤,用无菌的细毛刷轻轻将紧紧附着在番茄根系表面的土刷下来,即为根际土。一个小区同一处理的三个土壤样品混合为一个土壤样品,过 2 mm 筛,风干,用于测定土壤有效磷含量。番茄根系先用自来水清洗干净,然后用无菌去离子水冲洗 3 次,用吸水纸吸干表面水分,然后用无菌的剪刀剪取同样部位约 1 g 根系,用锡纸包裹,液氮速冻,转至 −80 ℃ 冰箱保存,一个小区的同一个处理的三株番茄根系混合为一个样品,用于检测 *ST3* 基因的表达情况和 GSH 含量。番茄根系和地上部分用自来水洗干净后,风干表面水分,于恒温烘箱中 105 ℃ 杀青 30 min,然后 70 ℃ 烘干约 72 小时(至恒重),粉碎成粉末,过 0.5 mm 筛,用于测定植株全硫含量。

参考前人的方法检测分蘖洋葱根系分泌物能否活化土壤硫。将 20 g 番茄连作土装入 150 mL 烧杯,封口膜封好,高压蒸汽灭菌 3 次,于超净工作台向烧杯中加入 10 mL 浓度为 0.1 g·mL⁻¹ 的分蘖洋葱根系分泌物。每天加一次,用添加 10 mL 无菌去离子水的处理作为对照。每个处理 5 次重复,置于 25 ℃ 恒温培养箱中培养。添加 5 次后将土壤风干,过 2 mm 筛,用于测定土壤有效硫含量。

6.2.4.2　高亲和硫酸盐转运蛋白(ST3)基因的表达检测

番茄根系总 RNA 提取采用 TRIzol 法,用超微量分光光度计检测 RNA 含量和质量,用琼脂糖凝胶电泳检测 RNA 完整性。基因的特异性引物用 Primer Premier 5 软件设计并在 NCBI 上比对其特异性,$ST3$ 基因引物序列为:上游(5′-3′) CAAAATTCTTCTGGATAAGTGCTA;下游(5′-3′) CAAGGCGATGATACTGGT-GAC。番茄 β-actin 基因作为内参,引物序列为:上游(5′-3′) TGTGTTG-GACTCTGGTGATGGTGT;下游(5′-3′) TCACGTCCCTGACAATTTCTCGCT。引物合成在生工生物工程(上海)股份有限公司,引物合成后进行反转录及 PCR 扩增,然后将扩增产物用琼脂糖凝胶电泳检测,检测条带数是否唯一(如一条带则表明引物的特异性好)。cDNA 的合成使用反转录试剂盒,按照试剂盒反应程序在 PCR 仪上进行合成。

(1)总 RNA 1~5 μg:3 μL(根据 RNA 的含量酌情增加或减少);Oligo(dT): 2μL;dNTP:2μL;补 RNase -free ddH$_2$O 定容至 14.5 μL。

(2)70 ℃加热 5 min 后迅速在冰上冷却 2 min。短暂离心后加入以下各组分:5×first-strand buffer(含 DDT) 4 μL;RNasin 0.5 μL;TIANScript M-MLV (200U)1 μL;总体积 20 μL。

(3)42 ℃温育 50 min,95 ℃ 5 min 终止反应,-20 ℃备用。

实时荧光定量 PCR 反应体系(20 μL 体系):cDNA 模板 0.6 μL;引物 0.3 μL×2;染料 9 μL;水 9.8 μL。反应条件:95 ℃ 5 min;95 ℃ 50 s;58 ℃ 30 s;72 ℃ 40 s;共 40 个循环。基因表达情况采用相对定量法,用 2$^{-\Delta\Delta Ct}$ 法计算。

6.2.4.3　番茄植株总硫含量的测定

植株总硫提取采取 HNO$_3$-HClO$_4$ 法。准确称取样品粉末 0.3 g 于消煮管中,加入 3 mL 浓 HNO$_3$,管口加盖弯头小漏斗,放置在通风橱中过夜。然后在消煮器上 150 ℃消煮 1 h。通过小漏斗加入 HClO$_4$ 2 mL,慢慢加热至 235 ℃消煮

2 h。除去小漏斗,加 1 mL HCl,150 ℃ 继续消煮 20 min。冷却后加 35 mL 水和 10 mL 缓冲盐溶液,定容至 50 mL,过滤,待测。

植株总硫含量测定用 $BaSO_4$ 比浊法。将待测液置于 150 mL 烧杯中,加入 0.3 g $BaCl_2 \cdot 2H_2O$,于磁力搅拌器上搅拌 1 min,取下静置 1 min 后,在分光光度计上用 3 cm 比色槽在波长 440 nm 比浊。工作曲线的配制:分别吸取 50 mg·L^{-1} 硫标准液 0 mL,2 mL,4 mL,8 mL,12 mL,16 mL,20 mL 于 50 mL 容量瓶中,稀释至 30 mL,加入 10 mL 缓冲盐溶液和 2 mL 浓度为 20% 的盐酸,定容至 50 mL。比浊方法同待测液。根据浓度和吸光度的对应关系绘制工作曲线: $y = 0.0323x - 0.0478$ (y 为吸光度,x 为浓度),$R^2 = 99.595$。计算番茄植株样品粉末中总硫含量,以单位干重粉末(g)中的硫含量(mg)表示,单位为 mg·g^{-1}。

6.2.4.4　番茄根系谷胱甘肽含量(GSH)的测定

根系 GSH 含量测定方法同 5.2.4.6。

6.2.4.5　土壤有效硫含量测定

土壤有效磷含量的测定采用磷酸盐–乙酸浸提–硫酸钡比浊法。准确称取风干土壤 10 g,加 50 mL 土壤有效磷浸提剂,25 ℃ 振荡 1 h,过滤。吸取滤液 25 mL 于 100 mL 锥形瓶中,沙浴加热,加入 3~5 滴过氧化氢氧化有机质。待有机质完全分解后,继续煮沸,除尽过剩的过氧化氢,然后加入 25% 的盐酸,得到清澈的溶液。将全部溶液转入 25 mL 容量瓶中,加入 2 mL 0.25% 阿拉伯胶,用去离子水定容。转入 150 mL 烧杯中,加入 $BaCl_2 \cdot 2H_2O$ 晶粒 1 g,于磁力搅拌器上搅拌 1 min。在 5~30 min 内在分光光度计上用 3 cm 比色槽在波长 440 nm 处比浊。工作曲线的绘制:将硫标准液用浸提剂稀释为 10 mg·L^{-1},再吸取 0 mL,1 mL,3 mL,5 mL,8 mL,10 mL,12 mL 分别放入 25 mL 容量瓶中,加入 1 mL 25% 的盐酸和 2 mL 0.25% 的阿拉伯胶,用水定容,得到 0 mg·L^{-1},0.4 mg·L^{-1},1.2 mg·L^{-1},2.0 mg·L^{-1},3.2 mg·L^{-1},4.0 mg·L^{-1},4.8 mg·L^{-1} 的标准液,用同上的操作步骤比浊,绘制标准曲线为 $y = 0.0058x - 0.0006$(y 为吸光度,x 为浓度),$R^2 = 0.9952$。土壤有效硫含量用单位干重土壤(g)内硫含量(mg)表示,单位为 mg·g^{-1}。

6.3 统计分析

采用 Microsoft Office Excel 软件整理原始数据,采用 SPSS 16.0 软件对数据进行 ANOVA 分析以及 Tukey 检验($p \leqslant 0.05$)。

6.4 结果

6.4.1 伴生和接菌对番茄根系 *ST3* 基因表达的影响

从图 6-1 可以看出,在未接菌时,伴生分蘖洋葱 10 天、20 天、30 天后,番茄根系 *ST3* 基因的相对表达量在两个处理间无显著差异(相对表达量绝对值≥2 为差异显著)。在伴生 20 天后对两个处理的番茄都进行接菌处理,发现接菌后 10 天(即伴生 30 天+接菌),伴生的番茄根系 *ST3* 基因的相对表达量为单作的番茄根系的 4.31 倍,且显著上调表达。为了验证黄萎病菌侵染诱导番茄根系 *ST3* 基因的表达变化,对单作及伴生的番茄在未接菌及接菌条件下 *ST3* 基因的表达分别进行了比较,发现无论是单作的番茄,还是伴生的番茄,和未接菌相比,接菌并不能诱导该基因的上调或下调表达,如图 6-2 所示。不过值得注意的是,对于伴生的番茄,与未接菌相比,接菌后 *ST3* 基因的相对表达量有一定的提高(1.93 倍),但是表达变化量未达到显著(相对表达量绝对值 ≥2 为差异显著)。

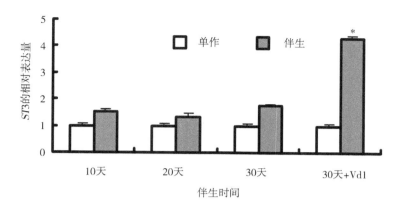

图 6-1　伴生分蘖洋葱对番茄根系 ST3 基因表达的影响

注:30 天+Vd1 表示伴生 30 天并接菌, * 表示差异显著(相对表达量绝对值≥2

为差异显著),Vd1 表示黄萎病菌生理小种 1。

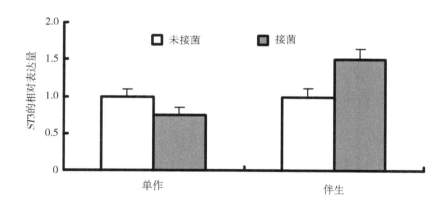

图 6-2　接菌对番茄根系 ST3 基因表达的影响

6.4.2　伴生和接菌对番茄植株总硫含量的影响

伴生 30 天后对番茄植株总硫含量进行了测定,发现在未接菌时,单作和伴生的番茄植株内总硫含量无显著差异;但是在接菌后,伴生的番茄植株总硫含量显著高于单作的番茄($p \leqslant 0.05$),如图 6-3 所示。

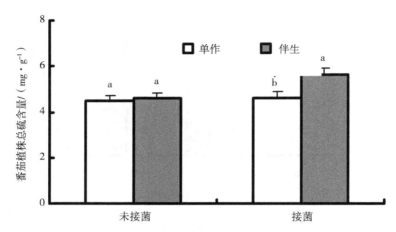

图 6-3　伴生和接菌对番茄植株总硫含量的影响

注:柱上方的小写字母不同表示差异显著($p \leqslant 0.05$)。

6.4.3　伴生分蘖洋葱对番茄根系 GSH 含量的影响

伴生 30 天并接菌后,检测番茄根系中 GSH 含量的变化,发现伴生的番茄根系中 GSH 含量显著高于单作的番茄($p \leqslant 0.05$),如图 6-4 所示,提高了 31.37%。

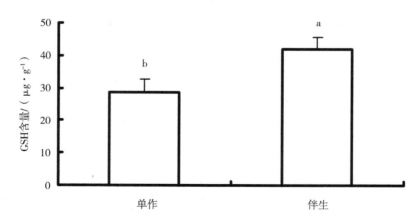

图 6-4　伴生分蘖洋葱对接菌后的番茄根系 GSH 含量的影响

注:柱上方的小写字母不同表示差异显著($p \leqslant 0.05$)。

6.4.4　伴生和接菌对番茄根际土有效硫含量的影响

从图 6-5 可以看出,在伴生 10 天、20 天和 30 天后,伴生的番茄根际土中和单作的番茄根际土中的有效硫含量无显著差异。无论是单作的番茄,还是伴生的番茄,随着番茄生长的进行,土壤有效硫含量有下降的趋势。从图 6-6 可以看出,在伴生 30 天,未接菌对伴生和单作的番茄根际土有效硫含量没有显著影响;接菌后,伴生的番茄根际土有效硫含量和单作的无显著差异。

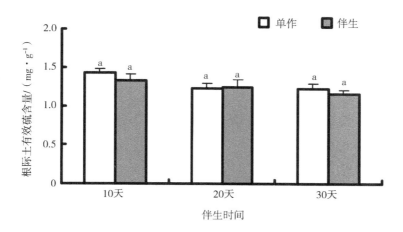

图 6-5　伴生对番茄根际土有效硫含量的影响

注:柱上方的小写字母不同表示差异显著($p \leqslant 0.05$)。

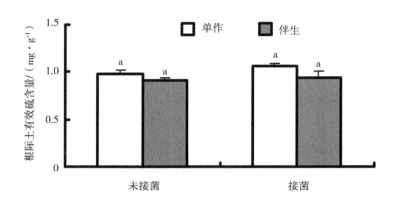

图 6-6　接菌对土壤有效硫含量的影响

注:柱上方的小写字母不同表示差异显著($p \leqslant 0.05$)。

6.4.5　分蘖洋葱根系分泌物对土壤有效硫含量的影响

从图 6-7 可以看出,添加分蘖洋葱根系分泌物后,土壤有效硫含量和对照(水)相比基本无变化。

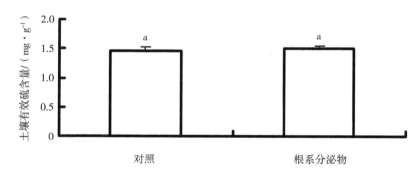

图 6-7　分蘖洋葱根系分泌物对土壤有效硫含量的影响

注:柱上方的小写字母不同表示差异显著($p \leqslant 0.05$)。

6.5　讨论

6.5.1　伴生和接菌对番茄根系 *ST3* 基因表达的影响

硫是植物所需的 6 种大量营养元素中含量最少的一种，约占植株干重的 0.1%。硫酸盐（SO_4^{2-}）是土壤中硫营养的主要存在形式，被植物根系以主动运输方式吸收进入植物体内。SO_4^{2-} 经过植物一系列还原与同化反应后进入有机骨架，生成半胱氨酸（Cys）。植物以 Cys 为前体，合成众多具有重要生物学功能的代谢产物，直接关系到植物耐逆境和农作物的产量与品质。在根际，SO_4^{2-} 能够被植物根系中的硫酸盐转运蛋白（sulfate transporter）以主动运输的方式吸收到根系内，然后在一些酶的作用下被还原成有机硫，因此硫酸盐转运蛋白的基因表达影响着植物对硫的吸收。

在笔者前期研究中发现，伴生分蘖洋葱的番茄根系在接种黄萎病菌 3 天后，其根系高亲和硫酸盐转运蛋白基因（Solyc04g054730.2.1，Solyc09g082550.2.1）的表达量显著高于单作的番茄（表 4-9）。引起笔者兴趣的是，这两个基因的上调表达是受伴生分蘖洋葱的影响还是受接种黄萎病菌的影响。因此，本书研究以其中一个高亲和硫酸盐转运蛋白基因（Solyc09g082550.2.1）（*ST3*）为研究对象，检测其在不同条件下的相对表达量。结果表明，在伴生分蘖洋葱栽培的 10 天、20 天和 30 天，*ST3* 基因的相对表达量在单作和伴生的番茄根系无显著差异（图 6-1），说明伴生分蘖洋葱不能影响 *ST3* 基因的表达。但是在伴生 30 天并且接种黄萎病菌后，伴生的番茄根系 *ST3* 基因的相对表达量显著高于单作的番茄（图 6-1）。进一步的研究表明，只接种黄萎病菌也不能引起该基因的表达变化（图 6-2）。这些结果表明，是分蘖洋葱-番茄-黄萎病菌三者的互作诱导了 *ST3* 基因的上调表达。Howarth 等人曾报道，抗黄萎病的番茄品种在接种黄萎病菌后，其根系的硫酸盐转运蛋白基因 *LeST*1-2 上调表达，这和笔者的研究结果不一致，有可能是因为笔者的番茄品种是感病品种。

6.5.2 伴生和接菌对番茄植株总硫及根际土壤有效硫含量的影响

从图 6-1 的结果中看出,分蘖洋葱–番茄–黄萎病菌三者的相互作用引起了 ST3 基因的上调表达,该基因的上调表达势必会导致番茄对土壤硫吸收能力的提高,从而使番茄植株内总硫含量提高。为了验证这个假设,笔者测定了番茄植株的总硫含量。结果表明,在番茄未接菌时,伴生分蘖洋葱不能引起番茄植株内的总硫含量发生显著变化;但是番茄接菌后,伴生的番茄植株内总硫含量显著高于单作的番茄(图 6-3),也就是说分蘖洋葱–番茄–黄萎病菌三者的互作引起了番茄植株总硫含量的增加,这个结果和 ST3 表达的变化趋势是一致的。这些结果表明,伴生的番茄在接菌后确实增加了对硫的吸收和利用。但是有一个问题还不清楚:因为土壤缺硫也会诱导高亲和硫酸盐转运蛋白基因在植物体内上调表达,那么伴生分蘖洋葱后,会不会因为分蘖洋葱对营养的竞争导致番茄根际土壤有效硫含量降低引起 ST3 基因的高表达呢?

为了弄清楚这个问题,笔者检测了番茄根际土中有效硫的含量。结果表明,伴生分蘖洋葱 10 天、20 天和 30 天后,番茄根际土的有效硫含量在两个处理间无显著差异(图 6-5);同样,伴生 30 天并且接菌处理也没改变番茄根际土的有效硫含量(图 6-6)。这些结果表明,无论番茄接菌与否,长达 30 天的伴生栽培并没有影响番茄根际土有效硫的含量,说明 ST3 基因的上调表达不是由根际土有效硫含量的变化引起的。

6.5.3 分蘖洋葱–番茄–黄萎病菌互作诱导 ST3 基因的表达

从以上的结果分析可以看出,伴生分蘖洋葱和接种黄萎病菌都不能诱导 ST3 基因的高表达,而是分蘖洋葱–番茄–黄萎病菌三者互作诱导它的高表达。有意思的是,分蘖洋葱–番茄–黄萎病菌三者互作中也没有观察到番茄根际土的硫含量的降低,说明本书研究中 ST3 基因的高表达并不是土壤硫含量变化导致的,可能存在其他机制。

如前文所述,S^0(元素硫)和含硫防御物质(SDC)如谷胱甘肽(GSH)、甲硫氨酸(Met)、半胱氨酸(Cys)等在番茄与黄萎病菌的互作中发挥重要作用。GSH

是生物体内含硫的防御物质,能通过抗氧化作用参与植物-病原菌的互作。在生物体内 Cys 可以通过一系列反应合成 GSH、Met 等物质。在本书研究中,伴生分蘖洋葱并接种黄萎病菌后,番茄根系的 GSH 含量显著高于单作的番茄(图 6-4);另外,在前期研究中也发现,伴生的番茄根系半胱氨酸合成酶基因、谷胱甘肽 S-转移酶基因等多种硫代谢相关的基因都显著上调表达(表 4-9)。作为硫代谢的终产物,乙烯在伴生的番茄根系内的合成也显著增多(图 5-6),这意味着分蘖洋葱-番茄-黄萎病菌三者互作诱导番茄体内合成大量的 SDC 来抵抗黄萎病菌的侵染。

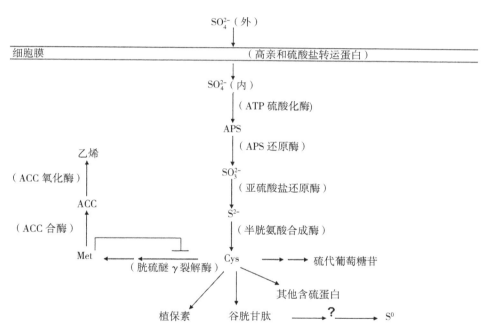

图 6-8　含硫氨基酸的生物合成途径(根据 Kazuki 等人研究结果修改)

　　如图 6-8 所示,从土壤中吸收 SO_4^{2-} 到体内合成 Cys 乃至 GSH 等含硫化合物是一个正反馈调节过程。黄萎病菌侵染番茄后,引起番茄的抗性生理反应,在基因表达的调节下迅速合成元素硫和含硫化合物(如乙烯、GSH、谷胱甘肽 S-转移酶等),推动着硫代谢向着合成硫化物的正向进行,最终导致高亲和硫酸盐转运蛋白基因的上调表达,以满足自身的硫需求。所以伴生的番茄在接种黄萎病菌后引起高亲和硫酸盐转运蛋白基因的上调表达可能的机制是：分蘖洋葱-番茄-黄萎病菌三者互作，诱导番茄能够更快速或更多地合成SDC，导致体内对硫的需求增加，通过基因表达正向反馈调节，主动增强高亲和硫酸盐转运蛋白基因的表达来满足自身的硫需求，这可能是伴生分蘖洋葱调控番茄黄萎病抗性一种策略。这个结果也启示我们，合理施用硫肥会增加番茄对黄萎病菌的抗性。

6.5.4 分蘖洋葱根系分泌物对土壤有效硫含量的影响

分蘖洋葱-番茄-黄萎病菌互作能够诱导 *ST*3 基因的高表达，说明硫对于提高番茄对黄萎病的抗性有重要作用，Bollig 等人的研究也表明，提高硫营养能够降低番茄黄萎病害。因此，提高土壤中的硫营养也是提高番茄黄萎病抗性的有效手段。研究表明在间作系统中，根系分泌物能够通过酸化等方式活化土壤的矿质营养，因此对于分蘖洋葱的根系分泌物是否能改善番茄根际的硫营养也引起我们的注意。本书研究表明，向无菌的土壤中添加分蘖洋葱根系分泌物，并不能引起土壤有效硫含量的显著变化（图6-7），说明分蘖洋葱的根系分泌物并不能直接活化土壤中的硫，这和我们盆栽试验中的结果一致，即伴生分蘖洋葱对番茄根际土的有效硫含量无显著影响（图6-5）。这些结果表明，分蘖洋葱的根系分泌物没有直接活化土壤硫的潜能。

总之，在分蘖洋葱/番茄伴生栽培系统中，接种黄萎病菌后，分蘖洋葱-番茄-黄萎病菌三者互作，诱导番茄能够更快速或更多地合成SDC（含硫的防御化合物），导致体内对硫的需求增加，通过基因表达正向反馈调节，主动增强高亲和硫酸盐转运蛋白基因的表达来满足自身的硫需求，从而提高番茄对黄萎病菌的抗性。

第 7 章

结论

1. 伴生分蘖洋葱能降低番茄黄萎病的发病率和病情指数,减轻番茄黄萎病害,同时改善番茄果实品质。

2. 伴生分蘖洋葱可以诱导番茄根系分泌物的组分及含量发生变化,进而产生抑菌活性。无论番茄接种黄萎病菌与否,在伴生和单作的番茄根系分泌物中都鉴定出绿原酸、咖啡酸、阿魏酸、肉桂酸四种物质。在番茄未接种黄萎病菌时,伴生栽培的番茄根系分泌物中这四种物质的含量都显著高于单作的番茄根系分泌物;接菌后,伴生的番茄根系分泌物中咖啡酸和肉桂酸含量高于单作。体外抑菌试验表明这四种物质都能对黄萎病菌起到一定的抑制作用,可能会对伴生栽培减轻番茄黄萎病害起到一定作用。

3. 接种黄萎病菌 3 天后共检测到伴生和单作两个处理间的差异表达基因 369 个,与单作相比,有 307 个上调表达,62 个下调表达。DEG 的 GO 功能分析表明,具有催化活性、结合活性、转运活性和抗氧化活性等功能的基因显著富集并上调表达。Pathway 富集分析表明,参与"代谢途径""次生代谢物的生物合成""玉米素生物合成""苯丙烷生物合成""谷胱甘肽代谢途径""植物激素信号转导""苯丙氨酸代谢""植物–病原体互作""黄酮类化合物的生物合成""半胱氨酸和甲硫氨酸代谢"等生物代谢过程的基因得到显著富集并上调表达。在差异表达基因中,木质素生物合成相关的基因、抗病蛋白(酶)基因、植物激素代谢和信号转导相关基因,以及硫吸收和含硫化合物代谢相关的基因均在伴生的番茄根系中上调表达。这些结果表明,伴生分蘖洋葱通过上调番茄体内抗病相关基因的表达增强了番茄对黄萎病菌的抗性。

4. 接种黄萎病菌后不同时期,伴生的番茄根系能够快速积累更多的木质素、总酚、谷胱甘肽、乙烯等与抗性相关的物质,提高过氧化物酶、多酚氧化酶和苯丙氨酸氨裂合酶等与抗病防御相关的酶的活性,说明伴生分蘖洋葱通过调控抗病相关物质的大量生成从生理水平上提高了番茄对黄萎病菌的抗性。

5. 研究发现伴生和接种黄萎病菌都没有诱导番茄体内高亲和硫酸盐转运蛋白基因的上调表达,伴生同时接种黄萎病菌则诱导了该基因的上调表达。伴生同时接种黄萎病菌并没有引起番茄根际土有效硫含量的降低,而番茄根系内的含硫化合物(谷胱甘肽)、硫代谢的产物(乙烯)以及番茄植株总硫含量都显著提高,说明 ST3 基因在伴生的番茄根系中的上调表达不是由土壤中有效硫的浓度变化引起的,而是由番茄根系内含硫化合物代谢活动增强引起的硫代谢的正反馈调节。这些结果说明伴生分蘖洋葱通过调节番茄体内含硫化合物的合成增强了 $ST3$ 基因的表达,也说明硫在分蘖洋葱–番茄–黄萎病菌的种间互作中发挥重要作用。

  总之,伴生分蘖洋葱能提高番茄对黄萎病的抗性,进而减轻黄萎病害:改变番茄根系分泌物的组分及含量,使根系分泌物产生抑菌活性;通过植物激素及转录因子的作用,调节番茄体内与抗病相关基因的上调表达,促进抗性物质(如木质素、总酚、抗病蛋白、含硫化合物等)的大量积累,以及提高防御相关酶的活性,从而增强番茄对黄萎病菌的抗性。

附　　录

附表1　qRT-PCR检测的基因名称及特异性引物序列

基因号	基因名称	上游引物	下游引物
Solyc01g095080.2.1	1-aminocyclopropane-1-carboxylate synthase	AAACAAGAGGAGGAAGAGTTAGAT	GCCTGGGTAGTATGGCTGAAGGTA
Solyc06g053710.2.1	Ethylene receptor	CCTTATTACCCTCTTTCCTATGCC	TGACGGCTCAAACTGACTTTCG
Solyc02g077370.1.1	Ethylene-responsive transcription factor 2	GGTGCGGAGAGTATGGCTAGGTA	GGCGTTCACTATTTCAGATGGA
Solyc10g079860.1.1	Beta-1,3-glucanase	GCGACGAGCTCTGCCTGGTGAT	AGCCTGGGTAGACGCCCGATA
Solyc07g006700.1.1	Pathogenesis-related protein	TTACCCTTGACATGGGATTC	TCTCATCAGCCAAAGCATT
Solyc02g065470.1.1	Pathogenesis-related protein	GCTTCCACCTTAAACTCACATCTC	CCCACTTCACTTCTTGCCTTG
Solyc08g074680.2.1	Polyphenol oxidase	ATACCATTAGGGCATCGG	ACGGAGTTTAGTCATAGAAGGGA
Solyc06g060970.1.1	Expansin-like protein	TATCTTCATTCTTCTGCCTCTTGCCT	TCTCCGTAACCACATGCTCC
Solyc09g082550.2.1	High affinity sulfate transporter 2	CAAAATTCTTCTGGATAAGCTGCTA	CAAGGCCATGATGACTGCTGAC
Solyc06g049080.2.1	Superoxide dismutase	ATTTAACGCGCGGAGGTCA	AGCACCTTCTGCGTTCATCT
Solyc12g044330.1.1	Aquaporin	AGCCTGCCGTCACATTCC	CCATTCCTCCGCGTCACAA

续表

基因号	基因名称	上游引物	下游引物
Solyc11g069760.1.1	High affinity nitrate transporter protein	AAAGCCGAGTGGGTTCAGCCA	ATTTGCCGTTACGTTAGGTGG
Solyc04g011500.2.1	Beta-actin	TGTGTTGGACTCTGGTGATGGTGT	TCACGTCCCTGACAATTTCTCGCCT

附表 2　两组样品(TM 和 TC)间所有差异异表达的基因

基因号	TM	TC	$\log_2$(TC/TM)	可能性	描述
			上调表达的基因(307 个)		
Solyc07g049530.2.1	5.513333333	30.89	2.49	0.832236801	1-aminocyclopropane-1-carboxylate oxidase
Solyc07g026650.2.1	1.1	16.78666667	3.93	0.819387202	1-aminocyclopropane-1-carboxylate oxidase
Solyc12g006380.1.1	54.62	337.7	2.63	0.891739454	1-aminocyclopropane-1-carboxylate oxidase-like protein
Solyc09g089580.2.1	4.69	27.57666667	2.56	0.826911685	1-aminocyclopropane-1-carboxylate oxidase-like protein
Solyc04g009860.2.1	21.93333333	66.80333333	1.61	0.822418422	1-aminocyclopropane-1-carboxylate oxidase-like protein
Solyc01g095080.2.1	6.083333333	81.86333333	3.75	0.894367351	1-aminocyclopropane-1-carboxylate synthase

续表

基因号	TM	TC	$\log_2$(TC/TM)	可能性	描述
Solyc03g033840.2.1	10.83	50.21666667	2.21	0.84591195	26S protease regulatory subunit 6B homolog
Solyc01g005500.2.1	3.706666667	26.81	2.85	0.832948917	3-phenylpropionate-dihydrodiol/cinnamic acid-dihydrodiol dehydrogenase
Solyc06g035960.2.1	11.86333333	76.07333333	2.68	0.873035379	4-coumarate-CoA ligase-like protein
Solyc10g007280.2.1	25.12666667	124.97	2.31	0.872984964	AAA-ATPase
Solyc05g054890.2.1	12.68333333	41.39	1.71	0.810753583	ABC transporter G family member 1
Solyc09g097950.1.1	22.96666667	108.24	2.24	0.868151397	Aldo/keto reductase
Solyc03g094020.2.1	4.38	25.63333333	2.55	0.821605475	Alpha-glucosidase-like
Solyc08g075540.2.1	50.66333333	180.0666667	1.83	0.856795352	Alternative oxidase
Solyc12g006470.1.1	44.44	143.8333333	1.69	0.846000176	Aminotransferase-like protein
Solyc11g013110.1.1	8.206666667	39.37666667	2.26	0.836950631	Anthocyanidin synthase

续表

基因号	TM	TC	$\log_2$（TC/TM）	可能性	描述
Solyc02g069260.2.1	30.76	90.58333333	1.56	0.822802838	ARGONAUTE 1
Solyc12g096570.1.1	12.42333333	60.62	2.29	0.855137949	ARGOS
Solyc04g076190.1.1	7.6	53.48	2.81	0.865479386	Aspartic proteinase nepenthesin-1
Solyc12g087940.1.1	22.05	128.5666667	2.54	0.879816236	Aspartic proteinase nepenthesin-1
Solyc03g111100.1.1	16.39666667	63.32333333	1.95	0.841292648	AtⅢ18x5-like protein（Fragment）
Solyc09g091670.2.1	1.473333333	28.32333333	4.26	0.86525882	ATP-binding cassette transporter
Solyc05g053610.2.1	19.65	58.16666667	1.57	0.810980451	ATP-binding cassette transporter
Solyc10g018340.1.1	13.97333333	48.54666667	1.80	0.823212463	Auxin responsive SAUR protein
Solyc06g053260.1.1	6.236666667	41.93666667	2.75	0.853814547	Auxin-responsive family protein
Solyc02g089140.2.1	0.653333333	16.20666667	4.63	0.831165476	B12D-like protein
Solyc10g079860.1.1	6.836666667	28.86333333	2.08	0.813205026	Beta-1,3-glucanase

续表

基因号	TM	TC	log$_2$(TC/TM)	可能性	描述
Solyc10g083290.1.1	13.08333333	54.47666667	2.06	0.843636959	Beta-fructofuranosidase insoluble isoenzyme 2
Solyc03g119080.2.1	12.07	44.92	1.90	0.825222773	Beta-glucosidase
Solyc03g116700.2.1	15.85333333	59.44	1.91	0.836975838	Blue copper protein
Solyc10g051120.1.1	4.153333333	30.71	2.89	0.84189133	Brain protein 44-like protein
Solyc08g068150.2.1	5.346666667	26.32	2.30	0.815196431	BURP domain-containing protein
Solyc09g005610.2.1	10.08	90.73	3.17	0.88684917	BZIP transcription factor
Solyc01g005800.2.1	6.06	30.28333333	2.32	0.825997908	Calmodulin binding protein
Solyc12g008960.1.1	10.99333333	37.53666667	1.77	0.80939237	Calmodulin-binding protein
Solyc11g069640.1.1	18.87666667	136.5233333	2.85	0.887857476	Carbonic anhydrase family protein
Solyc10g083890.1.1	23.9	76.96	1.69	0.832948917	Carbonic anhydrase family protein
Solyc07g005440.1.1	28.55666667	84.21333333	1.56	0.820861849	CBL-interacting protein kinase 9

续表

基因号	TM	TC	$\log_2$（TC/TM）	可能性	描述
Solyc09g097770.2.1	31.21	192.05	2.62	0.887239889	Cell wall protein
Solyc07g043390.2.1	113.8633333	328.2433333	1.53	0.837643841	Cellulose synthase family protein expressed
Solyc08g006150.2.1	65.27333333	167.3366667	1.36	0.814824618	ChaC cation transport regulator-like 1
Solyc10g055800.1.1	409.5466667	913.8166667	1.16	0.800084446	Chitinase
Solyc10g050730.1.1	5.3	28.86	2.45	0.8269621	Copper ion binding protein
Solyc12g014630.1.1	4.58	42.15333333	3.20	0.863462775	Cortical cell-delineating protein
Solyc08g078900.1.1	316.5733333	1483.543333	2.23	0.883893573	Cortical cell-delineating protein
Solyc08g074480.1.1	24.19333333	159.31	2.72	0.887044529	Cortical cell-delineating protein
Solyc02g069800.1.1	41.39333333	125.5066667	1.60	0.836774177	CXE carboxylesterase
Solyc07g040890.1.1	70.80333333	221.5233333	1.65	0.848596564	CXE carboxylesterase (Fragment)
Solyc08g083110.2.1	14.55666667	49.14	1.76	0.821302983	Cystathionine gamma-lyase

续表

基因号	TM	TC	$\log_2$（TC/TM）	可能性	描述
Solyc10g012370. 2. 1	37. 71666667	126. 0033333	1. 74	0. 846850935	Cysteine synthase
Solyc05g047530. 2. 1	4. 333333333	23. 13666667	2. 42	0. 810640148	Cytochrome P450
Solyc04g078290. 2. 1	31. 66	172. 9633333	2. 45	0. 881946283	Cytochrome P450
Solyc09g066150. 1. 1	0. 27	11. 17	5. 37	0. 807728665	Cytochrome P450
Solyc07g041500. 2. 1	10. 59333333	82. 46666667	2. 96	0. 880332993	Cytochrome P450
Solyc01g109140. 2. 1	12. 39	100. 55	3. 02	0. 886130752	Cytochrome P450
Solyc00g247300. 2. 1	43. 14	127. 9866667	1. 57	0. 83144276	Cytochrome P450
Solyc02g092860. 2. 1	8. 833333333	65. 7	2. 89	0. 873306361	Cytochrome P450
Solyc10g051020. 1. 1	22. 17	243. 0566667	3. 45	0. 90290014	Cytochrome P450
Solyc10g007880. 2. 1	6. 293333333	60. 21333333	3. 26	0. 877062301	Cytochrome P450
Solyc06g076800. 2. 1	5. 146666667	27. 64666667	2. 43	0. 823823748	Cytochrome P450

续表

基因号	TM	TC	log$_2$ (TC/TM)	可能性	描述
Solyc04g071780.2.1	2.18	24.8	3.51	0.840561626	Cytochrome P450
Solyc10g007890.2.1	7.596666667	33.12	2.12	0.823212463	Cytochrome P450
Solyc08g006750.2.1	53.37	134.1466667	1.33	0.808522706	Decarboxylase family protein
Solyc08g006740.2.1	51.38666667	150.46	1.55	0.831367137	Decarboxylase family protein
Solyc11g069700.1.1	196.4666667	507.5133333	1.37	0.824441336	Elongation factor 1–alpha
Solyc02g082920.1.1	11.94	83.08	2.80	0.877333283	Endochitinase（Chitinase）
Solyc12g055980.1.1	37.09666667	94.30333333	1.35	0.803613516	Endoglucanase 1
Solyc07g056320.2.1	2.383333333	21.64666667	3.18	0.824970696	ER glycerol–phosphate acyltransferase
Solyc04g051490.2.1	3.216666667	20.06333333	2.64	0.806090168	Essential meiotic endonuclease 1B
Solyc06g053710.2.1	7.853333333	36.50333333	2.22	0.831587704	Ethylene receptor
Solyc09g089930.1.1	6.966666667	30.08	2.11	0.816948362	Ethylene responsive transcription factor 1a

续表

基因号	TM	TC	$\log_2$ (TC/TM)	可能性	描述
Solyc12g056590.1.1	14.03	53.26666667	1.92	0.833591712	Ethylene responsive transcription factor 2a
Solyc04g071770.2.1	25.45666667	110.0333333	2.11	0.864439571	Ethylene responsive transcription factor 2a
Solyc09g075420.2.1	44.99	207.3233333	2.20	0.875776711	Ethylene responsive transcription factor 2b
Solyc02g077370.1.1	32.16	120.76	1.91	0.854810249	Ethylene-responsive transcription factor 2
Solyc08g077330.2.1	2.22	32.83	3.89	0.864219004	Expansin-like protein
Solyc08g007090.1.1	3.096666667	34.07666667	3.46	0.858162867	Expansin-like protein
Solyc06g060970.1.1	1.003333333	68.94333333	6.10	0.939627683	Expansin-like protein
Solyc08g077900.2.1	44.13666667	124.7633333	1.50	0.823760729	Expansin-like protein
Solyc02g069490.2.1	90.12666667	238.9966667	1.41	0.824063221	FAD linked oxidase domain protein
Solyc02g070090.1.1	3.883333333	23.04333333	2.57	0.814742693	FAD-binding domain-containing protein
Solyc11g006540.1.1	29.84666667	175.36	2.55	0.884120442	FAD-dependent pyridine nucleotide-di-sulphide oxidoreductase

续表

基因号	TM	TC	$\log_2(\mathrm{TC/TM})$	可能性	描述
Solyc03g005320.2.1	5.136666667	37.48	2.87	0.851709709	Fatty acid elongase 3-ketoacyl-CoA synthase
Solyc10g009240.2.1	2.533333333	18.69333333	2.88	0.806272923	Fatty acid elongase 3-ketoacyl-CoA synthase
Solyc08g068390.2.1	5.72	38.29333333	2.74	0.84944102	Fatty acid oxidation complex subunit alpha
Solyc11g067190.1.1	2.98	19.01666667	2.67	0.802384644	Fatty acyl coA reductase
Solyc11g015890.1.1	5.706666667	24.65666667	2.11	0.803279515	F-box family protein
Solyc01g106510.2.1	4.543333333	53.62333333	3.56	0.877824832	F-box protein family-like
Solyc02g086880.2.1	160.5333333	391.1366667	1.28	0.812518118	Formate dehydrogenase
Solyc02g090210.2.1	8.203333333	37.51666667	2.19	0.83213597	GDSL esterase/lipase At2g23540
Solyc11g011110.1.1	4.976666667	27.01	2.44	0.822500347	GDSL esterase/lipase At5g37690

续表

基因号	TM	TC	$\log_2$(TC/TM)	可能性	描述
Solyc02g093710.1.1	41.59	152.15	1.87	0.856385727	Genomic DNA chromosome 3 TAC clone K1G2
Solyc01g109790.2.1	15.46666667	47.77666667	1.63	0.811219924	Glucose-1-phosphate adenylyltransferase
Solyc12g014010.1.1	100.3633333	604.8733333	2.59	0.893302328	Glucosyltransferase
Solyc04g016230.2.1	42.05	224.28	2.42	0.883786441	Glucosyltransferase
Solyc02g081690.1.1	231.6566667	558.34	1.27	0.812965554	Glucosyltransferase
Solyc05g053890.1.1	13.74666667	43.06	1.65	0.808673952	Glucosyltransferase-like protein
Solyc01g086680.2.1	14.92666667	47.50333333	1.67	0.814837222	Glutathione S-transferase
Solyc10g084400.1.1	137.12	526.9033333	1.94	0.869342459	Glutathione S-transferase
Solyc09g091130.2.1	5.316666667	29.53333333	2.47	0.829186675	Glutathione S-transferase
Solyc09g011510.2.1	25.85333333	119.9966667	2.21	0.868907627	Glutathione S-transferase-like protein
Solyc09g011590.2.1	104.91	304.9	1.54	0.837877012	Glutathione S-transferase-like protein

续表

基因号	TM	TC	$\log_2$（TC/TM）	可能性	描述
Solyc09g011620.1.1	17.75333333	161.9766667	3.19	0.896062565	Glutathione S-transferase-like protein
Solyc09g011630.2.1	348.4566667	911.9066667	1.39	0.828266596	Glutathione S-transferase-like protein
Solyc09g011550.2.1	7.4	50.19	2.76	0.861616314	Glutathione S-transferase-like protein
Solyc09g011540.2.1	10.81666667	143	3.72	0.903839125	Glutathione S-transferase-like protein
Solyc09g011520.2.1	221.85	907.4966667	2.03	0.876785017	Glutathione S-transferase-like protein
Solyc07g056470.2.1	38.01666667	149.18	1.97	0.861143671	Glutathione S-transferase-like protein
Solyc07g056420.2.1	23.59333333	134.5533333	2.51	0.879791029	Glutathione S-transferase-like protein
Solyc07g056480.2.1	156.0166667	484.5	1.63	0.851520651	Glutathione S-transferase-like protein
Solyc07g056500.2.1	28.84333333	156.0966667	2.44	0.880578768	Glutathione transferase
Solyc01g081250.2.1	2.323333333	56.94333333	4.62	0.902061986	Glutathione-S-transferase
Solyc01g094700.2.1	12.75	53.47	2.07	0.843643261	Glycerol-3-phosphate acyltransferase 4

续表

基因号	TM	TC	$\log_2(TC/TM)$	可能性	描述
Solyc09g092710.2.1	0.306666667	15.09	5.62	0.846970671	Glycine rich protein
Solyc10g081980.1.1	40.75666667	102.9433333	1.34	0.804735257	Harpin-induced protein-like（Fragment）
Solyc02g036480.1.1	16.53333333	108.9366667	2.72	0.881316091	Harpin-induced protein-like（Fragment）
Solyc06g076020.2.1	12.91	64.94666667	2.33	0.859511476	Heat shock protein
Solyc08g078700.2.1	2.586666667	20.97333333	3.02	0.818807426	Heat shock protein 22
Solyc04g054730.2.1	20.97333333	68.75	1.71	0.830932305	High affinity sulfate transporter 2
Solyc09g082550.2.1	1.293333333	22.74333333	4.14	0.848035694	High affinity sulfate transporter 2
Solyc10g081970.1.1	43.27333333	130.8766667	1.60	0.837479991	HIN1-like protein（Fragment）
Solyc02g063520.2.1	11.36666667	64.34	2.50	0.863563605	Homeobox-leucine zipper protein 22
Solyc05g052750.2.1	6.426666667	26.15666667	2.03	0.803544195	Hydrolase alpha/beta fold family protein
Solyc03g097500.2.1	12.81666667	68.82666667	2.42	0.863885003	Hydroxycinnamoyl CoA shikimate/quinate hydroxycinnamoyltransferase-like protein

续表

基因号	TM	TC	$\log_2(\text{TC/TM})$	可能性	描述
Solyc04g078660.1.1	13.01666667	104.6333333	3.01	0.88628603	Hydroxycinnamoyl transferase
Solyc01g107080.2.1	14.75333333	50.06666667	1.76	0.822122232	Hydroxycinnamoyl transferase
Solyc03g117860.2.1	2.793333333	21.5	2.94	0.818782219	IBR finger domain protein
Solyc01g107400.2.1	38.87333333	169.7366667	2.13	0.871598543	Indole-3-acetic acid-amido synthetase GH3.8
Solyc04g054740.2.1	7.08	45.91333333	2.70	0.857047428	Inositol-3-phosphate synthase
Solyc03g096670.2.1	38.71	151.1666667	1.97	0.861282313	Integrin-linked kinase-associated serine/threonine phosphatase 2C
Solyc07g052480.2.1	8.556666667	35.33666667	2.05	0.823382614	Isocitrate lyase
Solyc03g098730.1.1	6.24	30.93333333	2.31	0.82640123	Kunitz trypsin inhibitor
Solyc03g098740.1.1	21.50666667	234.3833333	3.45	0.902559837	Kunitz trypsin inhibitor
Solyc03g019690.1.1	2.4	29.48333333	3.62	0.853587679	Kunitz-type protease inhibitor
Solyc03g020010.1.1	20.39333333	102.19	2.33	0.870766691	Kunitz-type trypsin inhibitor alpha chain
Solyc04g072280.2.1	2.45	54.44333333	4.47	0.897934233	Laccase

续表

基因号	TM	TC	$\log_2(TC/TM)$	可能性	描述
Solyc06g050530.2.1	5.853333333	24.47	2.06	0.800374334	Laccase
Solyc04g054690.2.1	31.08	79.72	1.36	0.800078144	Laccase 1a
Solyc06g082240.2.1	32.96666667	88.78	1.43	0.810375468	Laccase-13
Solyc06g009290.2.1	79.99333333	266.54	1.74	0.855534969	Lipid A export ATP-binding/permease protein msbA
Solyc06g069070.1.1	249.34	625.8266667	1.33	0.820975284	Lipid transfer protein
Solyc08g029000.2.1	10.56333333	41.14666667	1.96	0.824378316	Lipoxygenase
Solyc03g122340.2.1	6.906666667	28.47666667	2.04	0.810173807	Lipoxygenase
Solyc10g007600.2.1	22.66333333	61.9	1.45	0.801401545	L-lactate dehydrogenase
Solyc08g078850.2.1	7.243333333	33.85333333	2.22	0.827888481	L-lactate dehydrogenase
Solyc11g044840.1.1	1.113333333	15.70666667	3.82	0.810507808	LL-diaminopimelate aminotransferase
Solyc02g081360.2.1	2.94	19.48	2.73	0.805642732	Long-chain-fatty-acid-CoA ligase

续表

基因号	TM	TC	log$_2$(TC/TM)	可能性	描述
Solyc10g052880.1.1	53.77333333	144.1	1.42	0.819065805	LRR receptor-like serine/threonine-protein kinase, RLP
Solyc10g076610.1.1	70.97333333	299.2366667	2.08	0.875253652	Lysyl-tRNA synthetase
Solyc05g054380.1.1	2.04	22.61333333	3.47	0.833408956	Major allergen Mal d 1
Solyc01g096720.2.1	6.286666667	39.29666667	2.64	0.848728904	Major facilitator superfamily transporter
Solyc04g007790.2.1	6.46	30.39666667	2.23	0.822229364	Major latex-like protein
Solyc06g007970.2.1	5.946666667	35.69333333	2.59	0.843019372	Male sterility 5 family protein (Fragment)
Solyc11g010380.1.1	140.8033333	343.4566667	1.29	0.81292144	Mate efflux family protein
Solyc04g005050.1.1	13.65333333	45.93	1.75	0.818007083	Matrix metalloproteinase
Solyc07g048070.2.1	25.84333333	135.8233333	2.39	0.877314377	Membrane protein
Solyc06g072330.2.1	11.19666667	45.00333333	2.01	0.833018238	Mitochondrial import inner membrane translocase subunit TIM14

续表

基因号	TM	TC	$\log_2$(TC/TM)	可能性	描述
Solyc03g097840.2.1	6.653333333	38.38	2.53	0.844393189	Mitochondrial phosphate carrier protein
Solyc04g025650.2.1	48.4	240.92	2.32	0.881568168	Monooxygenase FAD-binding
Solyc12g013690.1.1	15.33	46.69333333	1.61	0.808415573	Monooxygenase FAD-binding protein
Solyc07g065320.2.1	15.34333333	121.5433333	2.99	0.887989816	Multidrug resistance protein ABC transporter family
Solyc12g005850.1.1	28.09666667	132.74	2.24	0.871573335	Multidrug resistance protein mdtK
Solyc03g118970.2.1	12.88666667	43.81	1.77	0.816595455	Multidrug resistance protein mdtK
Solyc01g104740.2.1	25.36666667	164.5933333	2.70	0.887132756	Multiprotein bridging factor
Solyc10g008700.1.1	3.596666667	23.27666667	2.69	0.818990182	MYB transcription factor
Solyc09g090790.2.1	10.64	50.95	2.26	0.848502036	MYB transcription factor
Solyc12g099130.1.1	3.026666667	20.05	2.73	0.807974439	MYB transcription factor
Solyc02g089190.1.1	2.45	21.52	3.13	0.822746121	MYB transcription factor
Solyc03g093890.2.1	8.826666667	36.85333333	2.06	0.826130248	Myb-related transcription factor

续表

基因号	TM	TC	$\log_2(\text{TC/TM})$	可能性	描述
Solyc04g009440.2.1	37.89	130.8666667	1.79	0.849793927	NAC domain protein
Solyc12g013620.1.1	30.47	148.3466667	2.28	0.874434403	NAC domain protein IPR003441
Solyc08g068710.1.1	20.72	68.83333333	1.73	0.832016234	N-acetyltransferase
Solyc08g068280.1.1	0.823333333	19.86333333	4.59	0.848394903	N-acetyltransferase
Solyc01g058720.2.1	38.19333333	239.0533333	2.65	0.889905597	NaCl-inducible Ca^{2+}-binding protein
Solyc02g078900.2.1	32.99666667	102.4766667	1.63	0.835280624	NADH dehydrogenase
Solyc02g079170.2.1	11.16	38.33333333	1.78	0.810854413	NADH dehydrogenase like protein
Solyc10g078270.1.1	21.37333333	137.5566667	2.69	0.884467047	Nodulin MtN21 family protein
Solyc04g011340.2.1	4.536666667	31.71666667	2.81	0.842080387	Nodulin-like protein
Solyc11g011780.1.1	37.75333333	114.7466667	1.60	0.835129378	Nonsense-mediated mRNA decay NMD3 family protein
Solyc09g082300.2.1	4.31	24.94666667	2.53	0.819311579	Non-specific lipid-transfer protein
Solyc09g065440.2.1	8.07	39.36333333	2.29	0.837675351	Non-specific lipid-transfer protein

续表

基因号	TM	TC	$\log_2(TC/TM)$	可能性	描述
Solyc09g065430.2.1	37.04	122.4233333	1.72	0.845225041	Non-specific lipid-transfer protein
Solyc01g005990.2.1	14.99	67.54333333	2.17	0.854652702	Non-specific lipid-transfer protein
Solyc03g005210.2.1	20.22	60.30666667	1.58	0.815738395	Non-specific lipid-transfer protein
Solyc01g103060.2.1	15.80333333	52.39	1.73	0.822323893	Non-specific lipid-transfer protein
Solyc09g082270.2.1	54.65333333	195.93	1.84	0.85807464	Non-specific lipid-transfer protein
Solyc01g081600.2.1	32.27333333	97.82333333	1.60	0.831764157	Non-specific lipid-transfer protein
Solyc10g075100.1.1	31.72	274.9566667	3.12	0.899156804	Non-specific lipid-transfer protein
Solyc04g082030.1.1	88.13	206.1766667	1.23	0.80174815	Ornithine decarboxylase
Solyc08g080670.1.1	49.48	141.2966667	1.51	0.826678514	Osmotin-likeprotein（Fragment）
Solyc02g091100.2.1	42.78666667	107.4766667	1.33	0.804325632	Oxalyl-CoA decarboxylase
Solyc10g085010.1.1	19.52333333	76.83333333	1.98	0.848565055	PAR-1c protein

续表

基因号	TM	TC	$\log_2(\mathrm{TC/TM})$	可能性	描述
Solyc02g090490.2.1	5.906666667	38.32666667	2.70	0.84877932	Patatin-like protein 3
Solyc02g065090.2.1	9.12	34.68	1.93	0.814194427	Patatin-like protein 3
Solyc02g065470.1.1	18.26666667	68.86333333	1.91	0.841506913	Pathogenesis-related protein
Solyc00g174340.1.1	157.6333333	393.8733333	1.32	0.817578553	Pathogenesis-related protein 1b
Solyc07g006700.1.1	5.2	77.28	3.89	0.895180298	Pathogenesis-related protein PR-1
Solyc11g019910.1.1	12.02666667	41.08	1.77	0.813816312	Pectinesterase
Solyc03g111720.2.1	36.40666667	100.4166667	1.46	0.815851829	Peptide methionine sulfoxide reductase msrA
Solyc06g082420.2.1	6.26	48.54	2.95	0.864389156	Peroxidase 3
Solyc02g087070.2.1	12.45	47.51666667	1.93	0.829369431	Peroxidase family protein
Solyc09g064940.2.1	166.56	435.0333333	1.39	0.826199569	Phenazine biosynthesis protein PhzF family

续表

基因号	TM	TC	$\log_2$(TC/TM)	可能性	描述
Solyc03g071870.1.1	0.986666667	20.22	4.36	0.844008772	Phenylalanine ammonia-lyase
Solyc10g011920.1.1	9.69	58.04333333	2.58	0.863015339	Phenylalanine ammonia-lyase
Solyc10g011930.1.1	83.03	842.6333333	3.34	0.906945967	Phenylalanine ammonia-lyase
Solyc00g282510.1.1	78.13333333	570.39	2.87	0.898564424	Phenylalanine ammonia-lyase
Solyc09g007910.2.1	12.49333333	42.22	1.76	0.814515824	Phenylalanine ammonia-lyase
Solyc04g079350.1.1	9.133333333	35.89333333	1.97	0.818296971	Pheromone receptor - like protein (Fragment)
Solyc02g032860.2.1	25.77	107.9733333	2.07	0.862731753	Phosphoadenosine phosphosulfate reductase
Solyc01g006050.2.1	6.136666667	25.86	2.08	0.805466278	Plant viral-response family protein
Solyc02g089250.2.1	78.16	294.2733333	1.91	0.86493112	Pollen Ole e 1 allergen and extensin
Solyc04g008230.2.1	16.16333333	62.96666667	1.96	0.841544725	Polygalacturonase

续表

基因号	TM	TC	$\log_2$(TC/TM)	可能性	描述
Solyc05g005170.2.1	2.13	55.25333333	4.70	0.903454708	Polygalacturonase 2
Solyc07g065090.1.1	9.813333333	34.29	1.80	0.806398961	Polygalacturonase inhibitor protein
Solyc09g061310.2.1	48.64666667	122.1466667	1.33	0.806852699	PPPDE peptidase domain containing 2a
Solyc09g011870.1.1	26.76666667	109.8466667	2.04	0.861483974	Prephenate dehydrogenase family protein
Solyc12g009650.1.1	2.536666667	49.96333333	4.30	0.891140772	Proline rich protein (Fragment)
Solyc07g065110.1.1	116.45	379.2533333	1.70	0.855673611	Protease inhibitor/seed storage/lipid transfer protein family protein
Solyc05g041140.2.1	25.70666667	79.87333333	1.64	0.82986098	Protease inhibitor/seed storage/lipid transfer protein family protein
Solyc06g008620.1.1	45.49666667	304.45	2.74	0.893018742	Protein tolB
Solyc11g021060.1.1	9.353333333	32.00666667	1.77	0.80022939	Proteinase inhibitor
Solyc01g109390.2.1	45.34	221.0133333	2.29	0.879072611	PVR3-like protein

续表

基因号	TM	TC	$\log_2$(TC/TM)	可能性	描述
Solyc03g121900.1.1	7.766666667	75.96333333	3.29	0.883824252	PVR3-like protein
Solyc05g041920.2.1	9.033333333	33.63333333	1.90	0.810848111	Ribonuclease 3
Solyc09g082240.2.1	11.47666667	46.94333333	2.03	0.836017948	Ribosomal-protein-alamine N-acetyl-transferase
Solyc02g089610.1.1	74.43	212.88	1.52	0.83312537	S-adenosylmethionine decarboxylase pro-enzyme
Solyc04g040180.2.1	29.27	137.1333333	2.23	0.871623751	S-adenosylmethionine-dependent methyl-transferase
Solyc01g096510.2.1	10.73333333	42.94666667	2.00	0.830094151	Sigma factor binding protein 1
Solyc07g062480.1.1	11.74	77.82666667	2.73	0.8744218	S-locus glycoprotein（Fragment）
Solyc07g062490.1.1	15.96666667	94.11333333	2.56	0.874730593	S-locus-specific glycoprotein
Solyc02g076830.1.1	5.043333333	25.93	2.36	0.816986174	S-locus-specific glycoprotein（Fragment）

续表

基因号	TM	TC	$\log_2$(TC/TM)	可能性	描述
Solyc09g075820.2.1	12.47	49.18333333	1.98	0.833667335	Solute carrier family 2, facilitated glucose transporter member 3
Solyc10g085030.1.1	12.32333333	43.52	1.82	0.819588863	Soul heme-binding family protein
Solyc02g086180.2.1	35.36333333	99.52666667	1.49	0.81835999	Sterol C-5 desaturase
Solyc03g005260.2.1	55.49666667	199.4566667	1.85	0.85863551	Sulfate adenylyltransferase
Solyc08g083090.1.1	16.98	53.21	1.65	0.817843234	Susceptibility homeodomain transcription factor
Solyc01g006950.2.1	25.38333333	74.93333333	1.56	0.81756595	Syntaxin
Solyc03g121040.2.1	18.89333333	56.34	1.58	0.81292144	Taurine catabolism dioxygenase TauD/TfdA family ygenase
Solyc02g080890.2.1	26.55	82.12	1.63	0.829923999	Transcription factor WRKY
Solyc03g114160.1.1	6.926666667	37.35666667	2.43	0.840612042	U-box domain-containing protein

续表

基因号	TM	TC	$\log_2$(TC/TM)	可能性	描述
Solyc08g062220.2.1	6.253333333	37.14	2.57	0.843693677	UDP-glucose glucosyltransferase
Solyc08g006330.2.1	16.43666667	48.14666667	1.55	0.800727241	UDP-glucose salicylic acid glucosyltransferase
Solyc11g007390.1.1	6.766666667	63.27666667	3.23	0.878417212	UDP-glucosyltransferase
Solyc11g007490.1.1	17.16333333	100.32	2.55	0.875783013	UDP-glucosyltransferase
Solyc01g095620.2.1	78.55	229.43	1.55	0.83632044	UDP-glucosyltransferase
Solyc11g007500.1.1	88.94	439.7633333	2.31	0.884372519	UDP-glucosyltransferase
Solyc07g043150.1.1	35.51	138.4633333	1.96	0.859505174	UDP-glucosyltransferase
Solyc02g085660.1.1	8.933333333	79.41333333	3.15	0.882551266	UDP-glucosyltransferase
Solyc12g042600.1.1	48.48666667	286.8	2.56	0.888733442	UDP-glucosyltransferase
Solyc01g107780.2.1	54.61	196.75	1.85	0.858534679	UDP-glucosyltransferase family 1 protein
Solyc01g107820.2.1	159.2433333	660.8	2.05	0.877043395	UDP-glucosyltransferase family 1 protein

续表

基因号	TM	TC	$\log_2$（TC/TM）	可能性	描述
Solyc10g079930.1.1	39.68333333	142.11	1.84	0.853965793	UDP-glucosyltransferase HvUGT5876
Solyc07g006800.1.1	27.28	126.1166667	2.21	0.869689064	UDP-glucosyltransferase HvUGT5876
Solyc12g057080.1.1	13.09	49.96333333	1.93	0.831505779	UDP-glucuronosyltransferase
Solyc12g057060.1.1	204.66	615.4	1.59	0.848394903	UDP-glucuronosyltransferase
Solyc03g078490.2.1	5.736666667	36.46333333	2.67	0.845697685	UDP-glucuronosyltransferase
Solyc03g071850.1.1	48.41666667	168.2366667	1.80	0.854173756	UDP-glucuronosyltransferase 1-6
Solyc12g009930.1.1	45.49333333	122.4366667	1.43	0.8174021	UDP-glucuronosyltransferase 1-6
Solyc02g071970.1.1	6.506666667	55.45666667	3.09	0.87155443	Unknown Protein
Solyc07g066360.1.1	82.62666667	442.4833333	2.42	0.888015024	Unknown Protein
Solyc04g014320.1.1	91.10666667	418.4033333	2.20	0.880648089	Unknown Protein
Solyc05g046240.1.1	13.24333333	138.9266667	3.39	0.896818795	Unknown Protein

续表

基因号	TM	TC	$\log_2$ (TC/TM)	可能性	描述
Solyc05g053060.1.1	0.25	72.60666667	8.18	0.971855661	Unknown Protein
Solyc07g017980.1.1	43.95333333	278.6933333	2.66	0.891273112	Unknown Protein
Solyc07g043000.2.1	247.4833333	725.83	1.55	0.842231633	Unknown Protein
Solyc01g105770.2.1	40.37	249.7866667	2.63	0.889798465	Unknown Protein
Solyc08g044280.1.1	14.18	47.85	1.75	0.819910261	Unknown Protein
Solyc05g046180.1.1	54.15666667	528.3333333	3.29	0.904689883	Unknown Protein
Solyc10g085890.1.1	6.816666667	27.50333333	2.01	0.805838091	Unknown Protein
Solyc07g049200.2.1	29.22666667	178.76	2.61	0.886433244	Unknown Protein
Solyc02g092890.1.1	2.206666667	17.83333333	3.01	0.805025145	Unknown Protein
Solyc04g072620.1.1	28.41333333	90.03333333	1.66	0.835532701	Unknown Protein
Solyc06g084370.1.1	20.31666667	67.32666667	1.73	0.831348231	Unknown Protein

续表

基因号	TM	TC	$\log_2$(TC/TM)	可能性	描述
Solyc04g076440. 1. 1	3. 413333333	21. 55	2. 66	0. 812404684	Unknown Protein
Solyc01g097570. 2. 1	9. 236666667	32. 86	1. 83	0. 805705751	Unknown Protein
Solyc05g014300. 1. 1	13. 05333333	63. 6	2. 28	0. 856265991	Unknown Protein
Solyc04g007810. 1. 1	16. 1	78. 52	2. 29	0. 862763262	Unknown Protein
Solyc04g014330. 1. 1	136. 1433333	897. 6333333	2. 72	0. 896264227	Unknown Protein
Solyc05g010020. 2. 1	4. 053333333	27. 34	2. 75	0. 831455364	Unknown Protein
Solyc04g014290. 1. 1	90. 69	314. 37	1. 79	0. 859259399	Unknown Protein
Solyc04g014350. 1. 1	118. 5866667	563. 1666667	2. 25	0. 883326401	Unknown Protein
Solyc04g014280. 1. 1	9. 456666667	39. 28	2. 05	0. 828795957	Unknown Protein
Solyc06g068890. 1. 1	21. 75333333	69. 75333333	1. 68	0. 82969713	Unknown Protein
Solyc02g090120. 1. 1	8. 38	49. 19333333	2. 55	0. 855843763	Unknown Protein

续表

基因号	TM	TC	$\log_2(TC/TM)$	可能性	描述
Solyc01g090980.1.1	10.28	66.26333333	2.69	0.869310949	Unknown Protein
Solyc04g014300.1.1	36.17333333	137.01	1.92	0.857192372	Unknown Protein
Solyc02g087890.2.1	10.88666667	44.04333333	2.02	0.832690538	Unknown Protein
Solyc01g105750.1.1	3.71	29.63666667	3.00	0.842395483	Unknown Protein
Solyc08g023510.1.1	0.01	9.47	9.89	0.841601442	Unknown Protein
Solyc04g014310.1.1	109.9766667	872.9866667	2.99	0.900908736	Unknown Protein
Solyc03g059050.2.1	5.436666667	33.66333333	2.63	0.840775891	Unknown Protein
Solyc03g096780.1.1	55.49333333	169.23	1.61	0.842067783	Unknown Protein
Solyc03g096770.1.1	16.16	57.85	1.84	0.832577104	Unknown Protein
Solyc02g084850.2.1	77.26	1185.253333	3.94	0.918207484	Unknown Protein
Solyc07g043250.1.1	27.63	80.99	1.55	0.818883049	Unknown Protein

续表

基因号	TM	TC	$\log_2$(TC/TM)	可能性	描述
Solyc06g072350. 2. 1	7. 326666667	29. 67666667	2. 02	0. 811881625	UPF0497 membrane protein 17
Solyc01g100090. 1. 1	0. 01	127. 9766667	13. 64	0. 988511614	Wall-associated receptor kinase-like 20
Solyc01g109120. 2. 1	10. 14333333	35. 16	1. 79	0. 807073266	WD-40 repeat family protein
Solyc02g094270. 1. 1	8. 08	32. 71	2. 02	0. 817843234	WRKY transcription factor
Solyc06g066370. 2. 1	48. 01333333	128. 8733333	1. 42	0. 817320175	WRKY transcription factor 1
Solyc05g015850. 2. 1	5. 346666667	36. 16666667	2. 76	0. 846970671	WRKY transcription factor-b
Solyc09g014990. 2. 1	12. 80666667	40. 04	1. 64	0. 803871895	WRKY-like transcription factor
Solyc01g080010. 2. 1	14. 92333333	73. 31	2. 30	0. 861257105	Xylanase inhibitor (Fragment)
Solyc07g056000. 2. 1	10. 27666667	35. 25666667	1. 78	0. 806550207	Xyloglucan endotransglucosylase/hydrolase 7
Solyc02g087210. 2. 1	51. 07333333	136. 13	1. 41	0. 817206741	Zinc finger AN1 domain - containing stress-associated protein 12

续表

基因号	TM	TC	$\log_2$(TC/TM)	可能性	描述
Solyc08g006470.2.1	73.51	315.7833333	2.10	0.876198939	Zinc finger family protein
Solyc05g054650.1.1	8.466666667	34.64333333	2.03	0.821567664	Zinc finger transcriptionfactor ZFP19
下调表达的基因(62个)					
Solyc11g056480.1.1	101.8433333	35.33333333	-1.53	0.822903669	30S ribosomal protein S19
Solyc12g044330.1.1	287.36	124.4633333	-1.21	0.801874189	Aquaporin
Solyc00g171810.2.1	60.37666667	15.69666667	-1.94	0.839307546	ATP synthase subunit a
Solyc08g045710.1.1	149.4266667	51.77666667	-1.53	0.829684526	ATP synthase subunit alpha, mitochondrial
Solyc03g121090.2.1	167.61	71.05333333	-1.24	0.800235692	Cold induced protein-like
Solyc12g062830.1.1	51.78333333	0.46	-6.81	0.945280498	Copia-type pol polyprotein-like
Solyc09g015870.2.1	24.35	5.023333333	-2.28	0.808894519	Cytochrome c oxidase subunit 2
Solyc12g088970.1.1	27.01666667	5.45	-2.31	0.817647874	Cytochrome P450
Solyc09g091950.1.1	63.75666667	21.89333333	-1.54	0.810993055	Ethylene-responsive transcription factor 1

续表

基因号	TM	TC	$\log_2(\text{TC/TM})$	可能性	描述
Solyc01g066970.2.1	164.96	67.3	-1.29	0.805844393	Flowering promoting factor-like 1
Solyc12g097080.1.1	90.03	34.73	-1.37	0.804357142	Glutathione S-transferase
Solyc06g061200.1.1	4008.466667	1517.346667	-1.40	0.830050037	Glycine-rich protein TomR2
Solyc11g069760.1.1	45.88	7.466666667	-2.62	0.855377422	High affinity nitrate transporter protein
Solyc02g011840.1.1	67.72333333	20.50333333	-1.72	0.831058343	Hypothetical chloroplast RF1
Solyc07g041680.1.1	98.74333333	37.86666667	-1.38	0.80781059	Hypothetical chloroplast RF1
Solyc02g031850.1.1	42.70333333	0.026666667	-10.65	0.961659167	Kinase family protein
Solyc08g014000.2.1	241.4266667	102.3033333	-1.24	0.804476878	Lipoxygenase
Solyc06g005470.2.1	664.9466667	202.95	-1.71	0.858345622	Metallothionein-like protein type 2
Solyc08g061490.2.1	181.23	73.44	-1.30	0.808150893	MTD1
Solyc08g007430.1.1	186.6933333	68.41333333	-1.45	0.825216471	Nitrate transporter
Solyc03g007360.2.1	86.75	33.80333333	-1.36	0.802315322	Nodulin MtN3 family protein
Solyc08g067500.1.1	1307.903333	483.03	-1.44	0.833383749	Non-specific lipid-transfer protein

续表

基因号	TM	TC	$\log_2$(TC/TM)	可能性	描述
Solyc02g079360.1.1	184.64	73.98666667	−1.32	0.811251434	Octicosapeptide/Phox/Bem1p domain containing protein
Solyc02g064970.2.1	826.2566667	333.2366667	−1.31	0.818530142	Peroxidase
Solyc07g014680.2.1	210.3866667	44.86333333	−2.23	0.876778715	Potassium transporter
Solyc05g006850.2.1	730.1366667	281.2033333	−1.38	0.826508363	Thioredoxin H
Solyc10g085850.1.1	229.1366667	69.92333333	−1.71	0.852661297	TPSI1
Solyc04g058100.2.1	113.3833333	40.47333333	−1.49	0.821063511	Type 2 metallothionein
Solyc07g049560.2.1	146.68	50.41666667	−1.54	0.830176075	Tyrosine phosphatase family protein
Solyc04g015120.2.1	59.4	7.366666667	−3.01	0.872821114	U-box domain containing protein expressed
Solyc09g037110.1.1	8.063333333	0.01	−9.66	0.81911622	Unknown Protein
Solyc02g071950.1.1	43.25	13.62666667	−1.67	0.810652752	Unknown Protein

续表

基因号	TM	TC	$\log_2$(TC/TM)	可能性	描述
Solyc03g119180.1.1	83.24333333	26.69	−1.64	0.831196985	Unknown Protein
Solyc07g006230.1.1	1459.04	644.69	−1.18	0.803210194	Unknown Protein
Solyc02g080450.1.1	159.1	55.18666667	−1.53	0.830610907	Unknown Protein
Solyc00g019750.1.1	37.44666667	8.806666667	−2.09	0.828291804	Unknown Protein
Solyc00g265510.1.1	174.4466667	34.64666667	−2.33	0.878896157	Unknown Protein
Solyc03g095350.1.1	7.13	0.01	−9.48	0.800412145	Unknown Protein
Solyc05g051810.1.1	266.2266667	54.03333333	−2.30	0.881089222	Unknown Protein
Solyc12g055700.1.1	163.2366667	67.92	−1.27	0.803506384	Unknown Protein
Solyc12g019710.1.1	11.76666667	0.01	−10.20	0.868220718	Unknown Protein
Solyc00g244300.1.1	61.81	22.62	−1.45	0.801344828	Unknown Protein
Solyc04g081700.2.1	65.25333333	23.23333333	−1.49	0.806745567	Unknown Protein

续表

基因号	TM	TC	$\log_2(\text{TC/TM})$	可能性	描述
Solyc03g078620.1.1	44.44333333	8.243333333	-2.43	0.848527243	Unknown Protein
Solyc07g056640.1.1	176.8733333	54.60333333	-1.70	0.849447322	Unknown Protein
Solyc03g118300.1.1	33.22	9.243333333	-1.85	0.807331644	Unknown Protein
Solyc10g011970.1.1	127.39	46.63333333	-1.45	0.819803128	Unknown Protein
Solyc07g009230.2.1	739.67	245.74	-1.59	0.84891166	Unknown Protein
Solyc08g076890.2.1	616.4266667	244.4466667	-1.33	0.82096268	Unknown Protein
Solyc11g021250.1.1	45.02	14.09	-1.68	0.81292144	Unknown Protein
Solyc03g096410.1.1	174.1533333	68.27333333	-1.35	0.814509522	Unknown Protein
Solyc06g008990.1.1	30.40666667	6.83	-2.15	0.819229654	Unknown Protein
Solyc04g055150.1.1	68.91666667	22.14333333	-1.64	0.825752133	Unknown Protein
Solyc09g014620.2.1	326.7466667	134.38	-1.28	0.811434189	Unknown Protein

续表

基因号	TM	TC	$\log_2(\text{TC/TM})$	可能性	描述
Solyc02g032360.2.1	30.33666667	5.776666667	-2.39	0.828638409	Unknown Protein
Solyc04g055140.1.1	109.6733333	34.18666667	-1.68	0.841046874	Unknown Protein
Solyc05g042140.1.1	16.33333333	0.666666667	-4.61	0.831783063	Unknown Protein
Solyc07g009030.2.1	35.8	10.72333333	-1.74	0.805527636	Unknown Protein
Solyc05g046130.2.1	32.6	9.54	-1.77	0.801288111	Unknown Protein
Solyc12g009480.1.1	60.15	21.93	-1.46	0.801067544	Xenotropic and polytropic retrovirus receptor
Solyc11g021270.1.1	203.8066667	40.60333333	-2.33	0.880414918	Ycf1
Solyc05g042130.1.1	16.12	1.026666667	-3.97	0.815675376	Zinc knuckle containing protein

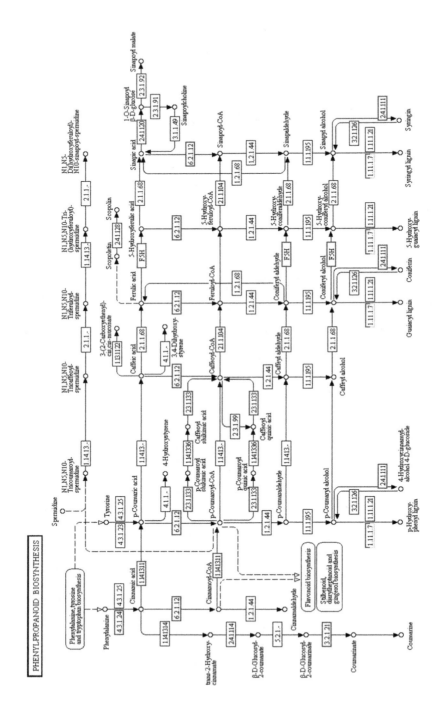

附图 1　苯丙烷代谢途径的 Pathway 图（黑色加粗代表上调表达，灰色代表下调表达）

参考文献

［1］孙艳艳,蒋桂英,刘建国,等.加工番茄连作对农田土壤酶活性及微生物区系的影响［J］.生态学报,2010,30(13):3599-3607.

［2］马灿,王明友.设施番茄连作对土壤理化性状、微生物数量及病虫害的影响［J］.吉林农业科学,2014,39(4):22-25.

［3］吴凤芝,刘德,王东凯,等.大棚番茄不同连作年限对根系活力及其品质的影响［J］.东北农业大学学报,1997(1):33-38.

［4］SUN Y Y, JIANG G Y, WEI X C, et al. Autotoxicity effects of soils continuously cropped with tomato［J］. Allelopathy Journal,2011,28(2):135-144.

［5］ZHENG G D, SHI L B, WU H,Y, et al. Nematode communities in continuous tomato-cropping field soil infested by root-knot nematodes［J］. Acta Agriculturae Scandinavica Section B,Soil and Plant Science,2012, 62(3):216-223.

［6］WU H Y, SHI L B. Effects of continuous cropping duration on population dynamics of second-stage juvenile Meloidogyne spp. and free-living soil nematodes［J］. African Journal of Agricultural Research,2011,6(2):307-312.

［7］刘姣姣,杨丽娟,李振涛,等. 连作对设施栽培番茄生长发育及产量的影响［J］. 沈阳农业大学学报,2013, 44(5):581-584.

［8］MILES C,BULLER S, INGLIS D. Plant growth, fruit yield and quality, and tolerance to verticillium wilt of grafted watermelon and tomato in field production in the Pacific Northwest［J］. HortScience,2013, 48(8):1003-1009.

［9］RUTHARDT N, KAWCHUK LM, FISCHER R, et al. Tomato protein of the resistance gene Ve2 to verticillium wilt Verticillium spp. is located in the endoplasmic reticulum［J］. Canadian Journal of Plant Pathology, 2007, 29(1):3-8.

［10］VINING K, DAVIS T. Isolation of a Ve homolog, mVe1, and its relationship to verticillium wilt resistance in Mentha longifolia(L.)Huds.［J］. Molecular Genetics & Genomics,2009, 282(2):173-184.

［11］LIEVENS B, BROUWER M, VANACHTER A. Design and development of a DNA array for rapid detection and identification of multiple tomato vascular wilt pathogens［J］. FEMS Microbiology Letters,2003, 223(1):113-122.

［12］尤海波,李景富,许向阳,等.番茄黄萎病病原菌研究［J］.植物保护,2004,

30(6):68-70.

[13] 杨家荣,吕金殿,吉冉中,等.陕西关中地区番茄黄萎病病原研究初报[J].
植物保护,1994,20(2):25-26.

[14] 陆新德,金玮玲,普瑞姆·卡班达,等.新疆加工番茄黄萎病的初步研究
[J].中国园艺文摘,2013,29(1):39-41.

[15] 赵辉,闫实.黄瓜番茄中氨基甲酸酯类农药残留量的高效液相色谱测定
[J].农业环境科学学报,2005,24(A1):284-287.

[16] 王文娇,姜瑞德,张涛,等.六种常用农药在番茄上的残留动态研究[J].山
东农业科学,2009(12):98-101.

[17] LULOFF A E, WEAVER R D, EVANS D J. Pesticide use in tomato produc-
tion: Consumer concerns and willingness-to-pay[J]. Agribusiness, 1986, 8
(2):131-142.

[18] GAMBACORTA G, FACCIA M, LAMACCHIA C, et al. Pesticide residues in
tomato grown in open field[J]. Food Control, 2005, 16(7):629-632.

[19] BOUDREAU M A. Diseases in intercropping systems[J]. Annual Review of
Phytopathology, 2013, 51(1):499-519.

[20] TRINGOVSKA I, YANKOVA V, MARKOVA D, et al. Effect of companion
plants on tomato greenhouse production[J]. Scientia Horticulturae, 2015, 186:
31-37.

[21] DONG L L, LI X L, HUANG L, et al. Lauric acid in crown daisy root exudate
potently regulates root-knot nematode chemotaxis and disrupts Mi-flp-18 ex-
pression to block infection[J]. Journal of Experimental Botany, 2013, 65(1):
131-141.

[22] XU H L, QIN F F, XU Q C, et al. Improvements in disease resistance and
fruit quality of organic tomato intercropped with living mulch of turfgrass[J].
Journal of Food, Agriculture & Environment, 2012, 10(2):593-597.

[23] YIN X G, THIEER J. Effect of intercropping on tomato yellow leaf curt virus
incidence on tomato[J]. Southwest China Journal of Agricultural Sciences,
2002, 15(2):54-58.

[24] KUMAR S, SUGHA S K. Role of cultural practices in the management of Sep-

toria leaf spot of tomato[J]. Indian Phytopathology,2000,53(1):105-106.

[25]WU H. Control effect of tomato and maize intercropping against tomato powdery mildew[J]. Plant Diseases & Pests,2013,4(2):22-24.

[26]GÓMEZ-RODRÍGUEZ O, ZAVALETA-MEJÍA E, LIVERA-MUÑOZ M, et al. Allelopathy and microclimatic modification of intercropping with marigold on tomato early blight disease development[J]. Field Crops Research,2003,83(1):27-34.

[27]吴瑕,吴凤芝,周新刚.分蘖洋葱伴生对番茄矿质养分吸收及灰霉病发生的影响[J].植物营养与肥料学报,2015,21(3):734-742.

[28]ABDEL-MONAIM M F, ABO-ELYOUSR K A M. Effect of preceding and intercropping crops on suppression of lentil damping-off and root rot disease in New Valley-Egypt[J]. Crop Protection,2012,32:41-46.

[29]HUANG Y H, WANG R C, LI C H, et al. Control of Fusarium wilt in banana with Chinese leek[J]. European Journal of Plant Pathology,2012,134(1):87-95.

[30]ZHANG H, MALLIK A, ZENG R S. Control of panama disease of banana by rotating and intercropping with Chinese Chive (Allium Tuberosum Rottler): role of plant volatiles [J]. Journal of Chemical Ecology, 2013, 39 (2): 243-252.

[31]XU N, WEI M, WANG C, et al. Composition of Welsh onion (Allium fistulosum L.) root exudates and their allelopathy on cucumber sprouts and Fusarium oxysporum f. sp. cucumerinum [J]. Allelopathy Journal, 2013, 32 (2): 243-256.

[32]ZUO C W, LI C Y, LI B, et al. The toxic mechanism and bioactive components of Chinese leek root exudates acting against Fusarium oxysporum f. sp. cubense tropical race 4[J]. European Journal of Plant Pathology,2015,143(3):447-460.

[33]赵靖,宋述尧,韩玉珠,等.分蘖洋葱和普通洋葱营养品质的比较[J].西北农林科技大学学报(自然科学版),2015(1):106-110.

[34]杜黎黎,王学征,马鸿艳,等.分蘖洋葱鳞茎粗提物对西瓜枯萎病病原菌

（Fusarium oxysporum f. sp. niveum）的影响［J］. 东北农业大学学报,2011,42
（1）:114-119.

［35］LIU S Q, WU F Z, WEN X Y. Allelopathic effects of root exudates of Chinese
onion on tomato growth and the pathogen Fusarium oxysporum（Sch1） f. sp. ly-
copersici［J］. Allelopathy Journal,2013,31（2）:387-403.

［36］YANG Y, WU F Z, LIU S W. Allelopathic effects of root exudates of Chinese
onion accessions on cucumber yield and Fusarium oxysporum f. sp. cucumeri-
num［J］. Allelopathy Journal,2011,27（1）:75-86.

［37］刘守伟,赵索,吴凤芝,等. 伴生分蘖洋葱对菜豆出苗、病害及产量的影响
［J］. 北方园艺,2015（18）:44-47.

［38］AUTRIQUE A, POTTS M J. The influence of mixed cropping on the control of
potato bacterial wilt （Pseudomonas solanacearum）［J］. Annals of Applied
Biology,1987,111（1）:125-133.

［39］POTTS M J. Influence of intercropping in warm climates on pests and diseases
of potato, with special reference to their control［J］. Field Crops Research,
1990,25（1-2）:133-144.

［40］MOGAHED M I. Influence of intercropoing on population dynamics of major
insect-pests of potato （Solanum tuberosum） in North Sinai Governorate, Egypt
［J］. Indian Journal of Agricultural Sciences,2003,73（10）:546-549.

［41］CAI H J, LI S Y, RYALL K, et al. Effects of intercropping of garlic or lettuce
with Chinese cabbage on the development of larvae and pupae of diamondback
moth （Plutella xylostella）［J］. African Journal of Agricultural Research,
2011,6（15）:3609-3615.

［42］NOMAN M S, MALEQUE M A, ALAM M Z, et al. Intercropping mustard
with four spice crops suppresses mustard aphid abundance, and increases both
crop yield and farm profitability in central Bangladesh［J］. International Jour-
nal of Pest Management,2013,59（4）:306-313.

［43］ZEWDE T, FININSA C, SAKHUJA P K, et al. Association of white rot （Scle-
rotium cepivorum） of garlic with environmental factors and cultural practices in
the North Shewa highlands of Ethiopia［J］. Crop Protection,2007,26（10）:

1566-1573.

[44]ZHAO Q, ZHU J W J, QIN Y C, et al. Reducing whiteflies on cucumber using intercropping with less preferred vegetables[J]. Entomologia Experimentalis et Applicata,2014,150(1):19-27.

[45]吴凤芝,周新刚.不同作物间作对黄瓜病害及土壤微生物群落多样性的影响[J].土壤学报,2009,46(5):899-906.

[46]WAN N F, JIANG J X, XIANG-YUN J I. Effect of Brassica chinensis intercropping with Glycine max or Colocasia esculenta on Spodoptera litura and natural enemy predatory diversity in protected vegetable fields[J]. Chinese Journal of Eco-Agriculture,2012,20(2):236-241.

[47]REN L X, SU S M, YANG X M, et al. Intercropping with aerobic rice suppressed Fusarium wilt in watermelon[J]. Soil Biology & Biochemistry,2008,40(3):834-844.

[48]XU W H, WU F Z, CHANG C L, et al. Effects of wheat as companion cropping on growth, soil enzymes and disease resistance of watermelon[J]. Allelopathy Journal,2013,32(2):267-277.

[49]KONG C H, LIANG W J, HU F, et al. Allelochemicals and their transformations in the Ageratum conyzoides intercropped citrus orchard soils[J]. Plant and Soil,2004,264(1-2):149-157.

[50]张红叶,陈斌,李正跃,等.甘蔗玉米间作对甘蔗绵蚜及瓢虫种群的影响作用[J].西南农业学报,2011,24(1):124-127.

[51]施立科.利用物种多样性防控甘蔗绵蚜的研究[J].甘蔗糖业,2008(3):18-20,41.

[52]MARIMUTHU S, RAMAMOORTHY V, SAMIYAPPAN R, et al. Intercropping system with combined application of azospirillum and pseudomonas fluorescens reduces root rot incidence caused by Rhizoctonia bataticola and increases seed cotton yield[J]. Journal of Phytopathology, 2013, 161(6):405-411.

[53]MA X M, LIU X X, ZHANG Q W, et al. Assessment of cotton aphids, Aphis gossypii, and their natural enemies on aphid-resistant and aphid-susceptible

wheat varieties in a wheat-cotton relay intercropping system[J]. Entomologia Experimentalis et Applicata, 2006, 121(3):235-241.

[54]GAO X, WU M, XU R N, et al. Root Interactions in a maize/soybean inter-cropping system control soybean soil-borne disease, red crown rot[J]. PLoS ONE,2014,9(5):e95031.

[55]SIKIROU R, WYDRA K. Effect of intercropping cowpea with maize or cassava on cowpea bacterial blight and yield[J]. Journal of Plant Diseases and Protec-tion,2008,115(4):145-151.

[56]HASSAN S. Effect of variety and intercropping on two major cowpea [Vigna unguiculata (L.) Walp] field pests in Mubi, Adamawa State, Nigeria[J]. Journal of Horticulture and Forestry,2009,1(2):14-16.

[57]FERNANDEZ-APARICIO M, SHTAYA M J Y, EMERAN A A, et al. Effects of crop mixtures on chocolate spot development on faba bean grown in medite-rranean climates[J]. Crop Protection,2011,30(8):1015-1023.

[58]杜成章,陈红,李艳花,等.蚕豆马铃薯间作种植对蚕豆赤斑病的防控效果[J].植物保护,2013,39(2):180-183.

[59]杨智仙,汤利,郑毅,等.不同品种小麦与蚕豆间作对蚕豆枯萎病发生、根系分泌物和根际微生物群落功能多样性的影响[J].植物营养与肥料学报,2014(3):570-579.

[60]FERNANDEZ-APARICIO M, AMRI M, KHARRAT M, et al. Intercropping reduces Mycosphaerella pinodes severity and delays upward progress on the pea plant[J]. Crop Protection,2010,29(7):744-750.

[61]ARIM OJ, WACEKE J W, WAUDO S W, et al. Effects of Canavalia ensifor-mis and Mucuna pruriens intercrops on Pratylenchus zeae damage and yield of maize in subsistence agriculture [J]. Plant and Soil, 2006, 284 (1 - 2): 243-251.

[62]孙雁,周天富,王云月,等.辣椒玉米间作对病害的控制作用及其增产效应[J].园艺学报,2006,33(5):995-1000.

[63]YANG M, ZHANG Y, QI L, et al. Plant-plant-microbe mechanisms involved in soil-borne disease suppression on a maize and pepper intercropping system

　　［J］. PLoS ONE,2014,9(12):e115052.

［64］Bannon F J, Cooke B M. Studies on dispersal of Septoria tritici pycnidiospores in wheat-clover intercrops［J］. Plant Pathology,1998,47(1):49-56.

［65］肖靖秀,郑毅,汤利,等.小麦蚕豆间作系统中的氮钾营养对小麦锈病发生的影响［J］.云南农业大学学报,2005,20(5):640-645.

［66］QIN J H, HE H Z, LUO S M, et al. Effects of rice-water chestnut intercropping on rice sheath blight and rice blast diseases［J］. Crop Protection,2013,43:89-93.

［67］向慧敏,章家恩,罗明珠,等.水稻与水芹间作栽培对水稻病虫草害和产量的影响［J］.生态与农村环境学报,2013,29(1):58-63.

［68］ZINSOU V, WYDRA K, AHOHUENDO B, et al. Effect of soil amendments, intercropping and planting time in combination on the severity of cassava bacterial blight and yield in two ecozones of West Africa［J］. Plant Pathology,2004,53(5):585-595.

［69］LAI R Q, YOU M S, JIANG L C, et al. Evaluation of garlic intercropping for enhancing the biological control of Ralstonia solanacearum in flue-cured tobacco fields［J］. Biocontrol Science & Technology, 2011, 21(7):755-764.

［70］孙文浩,余叔文.相生相克效应及其应用［J］.植物生理学报,1992,28(2):81-87.

［71］XU W H, WANG Z G, WU F Z. Companion cropping with wheat increases resistance to Fusarium wilt in watermelon and the roles of root exudates in watermelon root growth［J］. Physiological and Molecular Plant Pathology,2015,90:12-20.

［72］韩哲,刘守伟,潘凯,等.不同栽培模式对黄瓜根际土壤酶活性及细菌群落结构的影响［J］.植物营养与肥料学报,2012,18(4):922-931.

［73］高春琦,吴凤芝.伴生小麦对黄瓜生长及生理指标的影响［J］.中国蔬菜,2014(10):24-28.

［74］夏秀波,王全华,葛晨辉,等.大葱伴生栽培对黄瓜根区土壤细菌种群的影响［J］.中国蔬菜,2013(16):72-77.

［75］夏秀波,李涛,姚建刚,等.大葱伴生栽培对日光温室连作番茄生长、产量和

光合特性的影响[J].长江蔬菜,2015(2):43-46.

[76]史庆华,巩彪,靳志勇,等.一种紫背天葵伴生防治设施番茄根结线虫的方法:201510003319.4[P].2015.01.06.

[77]CHALK P M, PEOPLES M B, MCNEILL A M, et al. Methodologies for estimating nitrogen transfer between legumes and companion species in agro-ecosystems:A review of 15N-enriched techniques[J]. Soil Biology & Biochemistry,2014,73(73):10-21.

[78]ADEDIPE F, PARK Y L. Visual and olfactory preference of Harmonia axyridis (Coleoptera:Coccinellidae) adults to various companion plants[J]. Journal of Asia-Pacific Entomology,2010,13(4):319-323.

[79]COLLA G, ROUPHAEL Y, FALLOVO C, et al. Use of Salsola soda as a companion plant to improve greenhouse pepper (Capsicum annuum) performance under saline conditions[J]. New Zealand Journal of Crop and Horticultural Science,2006,34(4):283-290.

[80]HOOKS C R R, HINDS J, ZOBEL E, et al. The effects of crimson clover companion planting on eggplant crop growth, yield and insect feeding injury [J]. International Journal of Pest Management,2013,59(4):287-293.

[81]BALMER O, GÉNEAU C E, BELZ E, et al. Wildflower companion plants increase pest parasitation and yield in cabbage fields:Experimental demonstration and call for caution[J]. Biological Control,2014,76:19-27.

[82]MOREAU T L, WARMAN P R, HOYLE J. An evaluation of companion planting and botanical extracts as alternative pest controls for the Colorado potato beetle[J]. Biological Agriculture & Horticulture,2006,23(4):351-370.

[83]SEAGRAVES M P, YEARGAN K V. Selection and Evaluation of a Companion Plant to Indirectly Augment Densities of Coleomegilla maculata (Coleoptera:Coccinellidae) in Sweet Corn[J]. Environmental Entomology,2006,35(5):1334-1341.

[84]MORENO C R, RACELIS A E. Attraction, Repellence, and Predation:Role of Companion Plants in Regulating Myzus persicae (Sulzer) (Hemiptera:Aphidae) in Organic Kale Systems of South Texas[J]. Southwestern Entomolo-

gist,2015,40(1):1-13.

[85]MIDEGA C A O, BRUCE T J A, PICKETT J A, et al. Climate-adapted companion cropping increases agricultural productivity in East Africa[J]. Field Crops Research,2015,180:118-125.

[86]MORLEY K, FINCH S, COLLIER R H. Companion planting-behaviour of the cabbage root fly on host plants and non-host plants[J]. Entomologia Experimentalis et Applicata,2005,117(1):15-25.

[87]ROVIRA A D. Plant root exudates[J]. The Botanical Review,1969,35:35-57.

[88]BERTIN C, YANG X H, WESTON L A. The role of root exudates and allelochemicals in the rhizosphere[J]. Plant and Soil,2003,256(1):67-83.

[89]吴艳兵,田发军,赵欢欢,等.丁布的生物活性研究进展[J].植物保护,2014(5):8-13.

[90]STERMITZ F R, HUFBAUER R A, VIVANCO J M. Enantiomeric-dependent phytotoxic and antimicrobial activity of (+/-)-catechin. A rhizosecreted racemic mixture from spotted knapweed[J]. Plant Physiology,2002;128(4):1173-1179.

[91]SODERQUIST C J. Juglone and allelopathy[J]. Journal of Chemical Education,1973,50(11):782-783.

[92]HAO W Y, REN L X, RAN W, et al. Allelopathic effects of root exudates from watermelon and rice plants on Fusarium oxysporum f. sp. niveum[J]. Plant and Soil,2010,336(1-2):485-497.

[93]XU W H, LIU D, WU F Z, et al. Root exudates of wheat are involved in suppression of Fusarium wilt in watermelon in watermelon-wheat companion cropping[J]. European Journal of Plant Pathology,2015,141(1):209-216.

[94]HAGE-AHMED K, MOYSES A, VOGLGRUBER A, et al. Alterations in root exudation of intercropped tomato mediated by the arbuscular mycorrhizal Fungus Glomus mosseae and the Soilborne pathogen Fusarium oxysporum f. sp lycopersici[J]. Journal of Phytopathology,2013,161(11-12):763-773.

[95]肖靖秀,郑毅,汤利.小麦-蚕豆间作对根系分泌低分子量有机酸的影响

[J].应用生态学报,2014,25(6):1739-1744.

[96]张宁,张如,吴萍,等.根系分泌物在西瓜/旱作水稻间作减轻西瓜枯萎病中的响应[J].土壤学报,2014,51(3):585-593.

[97]VAN BRUGGEN A H C, SEMENOV A M, VAN DIEPENINGEN A D, et al. Relation between soil health, wave-like fluctuations in microbial populations, and soil-borne plant disease management[J]. European Journal of Plant Pathology,2006,115(1):105-122.

[98]WU H S, GAO Z Q, ZHOU X D, et al. Microbial dynamics and natural remediation patterns of Fusarium-infested watermelon soil under 3-yr of continuous fallow condition[J]. Soil Use and Management,2013,29(2):220-229.

[99]徐伟慧.伴生小麦对西瓜生长及枯萎病抗性调控的机理研究[D].哈尔滨:东北农业大学,2014.

[100]ZHOU X G, YU G B, WU F Z. Effects of intercropping cucumber with onion or garlic on soil enzyme activities, microbial communities and cucumber yield [J]. European Journal of Soil Biology,2011,47(5):279-287.

[101]KHAN M A, CHENG Z H, KHAN A R,et al. Pepper-garlic intercropping system improves soil biology and nutrient status in plastic tunnel[J]. International Journal of Agriculture and Biology,2015,17(5):869-880.

[102]ZHANG X H, LANG D Y, ZHANG E H, et al. Effect of intercropping of angelica sinensis with garlic on its growth and rhizosphere microflora[J]. International Journal of Agriculture and Biology,2015,17(3):554-560.

[103]DAI C C, CHEN Y, WANG X X, et al. Effects of intercropping of peanut with the medicinal plant Atractylodes lancea on soil microecology and peanut yield in subtropical China[J]. Agroforestry Systems,2012,87(2):417-426.

[104]宋亚娜,PETRA M,张福锁,等.小麦/蚕豆,玉米/蚕豆和小麦/玉米间作对根际细菌群落结构的影响[J].生态学报,2006,26(7):2268-2274.

[105]HARRIER L A, TAYLOR J, WATT D, ATKINSON D. The potential role of arbuscular mycorrhizal (AM) fungi in the bioprotection of plants against pathogens in organic production systems[C]. The BCPC Conference:Pests and diseases,2000,3:993-998.

［106］HAGE-AHMED K, KRAMMER J, STEINKELLNER S. The intercropping partner affects arbuscular mycorrhizal fungi and Fusarium oxysporum f. sp lycopersici interactions in tomato［J］. Mycorrhiza,2013,23(7):543-550.

［107］MIRANDA E M D, SILVA E M R D, SAGIN JÚNIOR O J. Communities of arbuscular mycorrhizal fungi associated with peanut forage in mixed pastures in the state of Acre, Brazil［J］. Acta Amazonica,2010,40(1):13-22.

［108］SHUKLA K P, SHARMA S, SINGH N K, et al. Nature and role of root exudates: Efficacy in bioremediation［J］. African Journal of Biotechnology, 2011,10(48):9717-9724.

［109］NARULA N, KOTHE E, BEHL R K. Role of root exudates in plant-microbe interactions［J］. Journal of Applied Botany and Food Quality - Angewandte Botanik,2009,82(2):122-130.

［110］BACILIO-JIMENEZ M, AGUILAR-FLORES S, VENTURA-ZAPATA E, et al. Chemical characterization of root exudates from rice (Oryza sativa) and their effects on the chemotactic response of endophytic bacteria［J］. Plant and Soil,2003,249(2):271-277.

［111］TSAI S M, PHILLIPS D A. Flavonoids released naturally from alfalfa promote development of symbiotic glomus spores in vitro［J］. Applied & Environmental Microbiology,1991,57(5):1485-1488.

［112］DARDANELLI M S, DE CORDOBA F J F, ESTEVEZ J, et al. Changes in flavonoids secreted by Phaseolus vulgaris roots in the presence of salt and the plant growth - promoting rhizobacterium Chryseobacterium balustinum［J］. Applied Soil Ecology,2012,57:31-38.

［113］SCHMID C, BAUER S, MULLER B, et al. Belowground neighbor perception in Arabidopsis thaliana studied by transcriptome analysis: roots of Hieracium pilosella cause biotic stress［J］. Frontiers in Plant Science,2013,4(1):296.

［114］Belz R G. Allelopathy in crop/weed interactions-an update［J］. Pest Management Science,2007,63(4):308-326.

［115］DUKE S O. Proving Allelopathy in Crop-Weed Interactions［J］. Weed Science,2015,63:121-132.

[116]PRITHIVIRAJ B, PERRY L G, BADRI D V, et al. Chemical facilitation and induced pathogen resistance mediated by a root-secreted phytotoxin[J]. The New Phytologist,2007,173(4):852-860.

[117]MANDAL S, MALLICK N, MITRA A. Salicylic acid-induced resistance to Fusarium oxysporum f. sp. lycopersici in tomato[J]. Plant Physiology & Biochemistry,2009,47(7):642-649.

[118]MEYER GD, AUDENAERT K, BUCHALA A, et al. Nanogram Amounts of salicylic acid produced by the rhizobacterium Pseudomonas aeruginosa 7NSK2 activate the systemic acquired resistance pathway in bean[J]. Molecular Plant-Microbe Interactions,1999,12(5):450-458.

[119]CHAKRABORTY U, CHAKRABORTY B N, PURKAYASTHA R P. Application of growth substances and mineral nutrition affecting disease development and glyceollin production of soybean[J]. Folia Microbiologica,1989,34(6):490-497.

[120]肖靖秀,周桂夙,汤利,等. 小麦/蚕豆间作条件下小麦的氮、钾营养对小麦白粉病的影响[J]. 植物营养与肥料学报,2006,12(4):517-522.

[121]鲁耀,郑毅,汤利,等.施氮水平对间作蚕豆锰营养及叶赤斑病发生的影响[J].植物营养与肥料学报,2010,16(2):425-431.

[122]ROBB J, CASTROVERDE C D M, SHITTU H O, et al. Patterns of defence gene expression in the tomato-Verticillium interaction[J]. Botany,2009,87(10):993-1006.

[123]SHITTU H O, CASTROVERDE D C M, NAZAR R N, et al. Plant-endophyte interplay protects tomato against a virulent Verticillium[J]. Planta: An International Journal of Plant Biology,2009,229(2):415-426.

[124]MAMATHA H, RAO N K S, LAXMAN R H, et al. Impact of elevated CO_2 on growth, physiology, yield, and quality of tomato (Lycopersicon esculentum Mill) cv. Arka Ashish[J]. Photosynthetica,2014,52(4):519-528.

[125]TURHAN A, OZMen N, Serbeci M S, et al. Effects of grafting on different rootstocks on tomato fruit yield and quality[J]. Horticultural Science,2011,38(4):142-149.

[126]LIU T J, CHENG Z H, MENG H W, et al. Growth, yield and quality of spring tomato and physicochemical properties of medium in a tomato/garlic intercropping system under plastic tunnel organic medium cultivation [J]. Scientia Horticulturae,2014,170:159−168.

[127]MOHAMMED M, WILSON L A, GOMES P I. Postharvest sensory and physicochemical attributes of processing and nonprocessing tomato cultivars [J]. Journal of Food Quality,1999,22(2):167−182.

[128]Gormley T R, Maher M J. Tomato fruit quality−an interdisciplinary approach [J]. Professional Horticulture,1990,4(3): 107−112.

[129]LEE H. Official Methods of Analysis of AOAC International[M]. Trends in Food Science & Technology,1995,6(11):382.

[130]MA N N, LI T L. Effect of Long−term Continuous Cropping of Protected Tomato on Soil Microbial Community Structure and Diversity[J]. Acta Horticulturae Sinica,2013,40(2):255−264.

[131]ALLIAUME F, ROSSING W A H, GARCIA M, et al. Changes in soil quality and plant available water capacity following systems re−design on commercial vegetable farms[J]. European Journal of Agronomy,2013,46:10−19.

[132]CHELLEMI D O, WU T H, GRAHAM J H, et al. Biological impact of divergent land management practices on tomato crop Health[J]. Phytopathology,2012,102(6):597−608.

[133]ZHANG F S, LI L. Using competitive and facilitative interactions in intercropping systems enhances crop productivity and nutrient−use efficiency[J]. Plant and Soil,2003,248(1−2):305−312.

[134]WANG D, MARSCHNER P, SOLAIMAN Z, et al. Growth, P uptake and rhizosphere properties of intercropped wheat and chickpea in soil amended with iron phosphate or phytate[J]. Soil Biology & Biochemistry,2007,39(1):249−256.

[135]ZHANG Y C, LI R N, WANG L Y, et al. Threshold of soil olsen−P in greenhouses for tomatoes and cucumbers[J]. Communications in Soil Science and Plant Analysis,2010,41(20):2383−2402.

[136]吴凤芝,潘凯,刘守伟.设施土壤修复及连作障碍克服技术[J].中国蔬菜,2013(13):39.

[137]吴林坤,林向民,林文雄.根系分泌物介导下植物-土壤-微生物互作关系研究进展与展望[J].植物生态学报,2014(3):298-310.

[138]LI X G, ZHANG T L, WANG X X, et al. The composition of root exudates from two different resistant peanut cultivars and their effects on the growth of soil-Borne pathogen[J]. International Journal of Biological Sciences,2013,9 (2):164-173.

[139]VRANOVA V, REJSEK K, SKENE K R, et al. Methods of collection of plant root exudates in relation to plant metabolism and purpose: A review[J]. Journal of Plant Nutrition and Soil Science,2013,176(2):175-199.

[140]ZHANG F G, MENG X H, YANG X M, et al. Quantification and role of organic acids in cucumber root exudates in Trichoderma harzianum T-E5 colonization[J]. Plant Physiology and Biochemistry,2014,83:250-257.

[141]林学政,柳春燕,何培青,等.牛蒡叶内绿原酸抑制植物病原真菌的研究[J].植物保护,2005,31(3):35-38.

[142]李勇,刘时轮,黄小芳,等.人参(Panax ginseng)根系分泌物成分对人参致病菌的化感效应[J].生态学报,2009,29(1):161-168.

[143]袁虹霞,李洪连,王烨,等.棉花不同抗性品种根系分泌物分析及其对黄萎病菌的影响[J].植物病理学报,2002,32(2):127-131.

[144]肖靖秀,郑毅,汤利,等.小麦-蚕豆间作对根系分泌糖和氨基酸的影响[J].生态环境学报,2015,24(11):1825-1830.

[145]刘素萍,王汝贤,张荣,等.根系分泌物中糖和氨基酸对棉花枯萎菌的影响[J].西北农业大学学报,1998,26(6):33-38.

[146]刘晓燕,何萍,金继运.氯化钾对玉米根系糖和酚酸分泌的影响及其与茎腐病菌生长的关系[J].植物营养与肥料学报,2008,14(5):929-934.

[147]黄京华,曾任森,骆世明,等.玉米苗中DIMBOA与几种酚酸类物质抑菌活性比较[J].天然产物研究与开发,2007,19(4):572-577.

[148]王茹华,周宝利,张启发,等.茄子根系分泌物中香草醛和肉桂酸对黄萎菌的化感效应[J].生态学报,2006,26(9):3152-3155.

［149］HISASHI K N. Barnyard grass-induced rice allelopathy and momilactone B [J]. Journal of Plant Physiology,2011,168(10):1016-1020.

［150］DAVID L J. Organic acids in the rhizosphere-a critical review[J]. Plant & Soil,1998,205(1):25-44.

［151］张俊英,王敬国,许永利.大豆根系分泌物中氨基酸对根腐病菌生长的影响[J].植物营养与肥料学报,2008,14(2):308-315.

［152］周宝利,刘娜,叶雪凌,等.嫁接茄子根系分泌物变化及其对黄萎菌的影响[J].生态学报,2011,31(3):749-759.

［153］MORTAZAVI A,WILLIAMS B A,MCCUE K,et al. Mapping and quantifying mammalian transcriptomes by RNA-Seq[J]. Nature Methods,2008,5(7):621-628.

［154］LUIGI F,RONNIE D J,THOMMA B P H J. The transcriptome of Verticillium dahliae-infected Nicotiana benthamiana determined by deep RNA sequencing [J]. Plant Signaling & Behavior,2012,7(9):1065-1069.

［155］CHEN T Z,LV Y D,ZHAO T M,et al. Comparative transcriptome profiling of a resistant vs. susceptible tomato (Solanum lycopersicum) cultivar in response to infection by tomato yellow leaf curl virus[J]. PLoS Clinical Trials,2013,8(11):e80816.

［156］TAN G X,LIU K,KANG J M,et al. Transcriptome analysis of the compatible interaction of tomato with Verticillium dahliae using RNA-sequencing [J]. Frontiers in Plant Science,2015,6:428.

［157］LI H,DURBIN R. Fast and accurate short read alignment with Burrows-Wheeler transform[J]. Bioinformatics,2010,25(14):1754-1760.

［158］LANGMEAD B,TRAPNELL C,POP M,et al. Ultrafast and memory-efficient alignment of short DNA sequences to the human genome[J]. Genome Biology,2009,10(3):R25.

［159］LI B,DEWEY C N. RSEM:accurate transcript quantification from RNA-Seq data with or without a reference genome[J]. BMC Bioinformatics,2011,12(1):93-99.

［160］TARAZONA S,GARCIA-ALCALDE F,DOPAZO J. Differential expression in RNA – seq: A matter of depth[J]. Genome Research, 2011, 21(12): 2213-2223.

[161] AUDIC S, CLAVERIE J M. The significance of digital gene expression profiles[J]. Genome Research, 1997, 7(10): 986-995.

[162] ZHENG X M, MORIYAMA E N. Comparative studies of differential gene calling using RNA-Seq data[J]. BMC Bioinformatics, 14(13): S7.

[163] YE J, FANG L, ZHENG H K, et al. WEGO: a web tool for plotting GO annotations[J]. Nucleic Acids Research, 2006, 34(2): W293-W297.

[164] SUSUMU G, MASAHIRO H, MASUMI I. KEGG for linking genomes to life and the environment[J]. Nucleic Acids Research, 2008, 36: D480-D484.

[165] LOVDAL T, LILLO C. Reference gene selection for quantitative real –time PCR normalization in tomato subjected to nitrogen, cold, and light stress[J]. Analytical Biochemistry: An International Journal of Analytical and Preparative Methods, 2009, 387(2): 238-242.

[166] YANG Y X, WANG M M, YIN Y L, et al. RNA−seq analysis reveals the role of red light in resistance against *Pseudomonas syringae pv.* tomato DC3000 in tomato plants[J]. BMC Genomics, 2015, 16(1): 1-16.

[167] KANG Z, BUCHENAUER H. Ultrastructural and immunocytochemical investigation of pathogen development and host responses in resistant and susceptible wheat spikes infected by Fusarium culmorum[J]. Physiological & Molecular Plant Pathology, 2000, 57(6): 255-268.

[168] GAYOSO C, POMAR F, NOVO−UZAL E, et al. The Ve−mediated resistance response of the tomato to Verticillium dahliae involves H_2O_2, peroxidase and lignins and drives PAL gene expression[J]. BMC Plant Biology, 2010; 10: 232.

[169] LOON L C V, STRIEN E A V. The families of pathogenesis−related proteins, their activities, and comparative analysis of PR−1 type proteins[J]. Physiological & Molecular Plant Pathology, 1999, 55(2): 85-97.

[170] CAPDEVILLE G D, BEER S V, WILSON C L, et al. Some cellular correlates of harpin−induced resistance to blue mold of apples[J]. Tropical Plant

Pathology,2008,33(2):103-113.

[171]LEE S I, LEE S H, KOO J C, et al. Soybean Kunitz trypsin inhibitor (SK-TI) confers resistance to the brown planthopper (Nilaparvata lugens Stal) in transgenic rice[J]. Molecular Breeding,1999,5(1):1-9.

[172]DENANCÉ N, SÁNCHEZ-VALLET A, GOFFNER D, et al. Disease resistance or growth: the role of plant hormones in balancing immune responses and fitness costs[J]. Frontiers in Plant Science,2013;4:155.

[173]Dempsey D M A, Vlot A C, Wildermuth M C, et al. Salicylic Acid biosynthesis and metabolism[J]. Arabidopsis Book,2011,9:e0156.

[174]UMEMURA K, SATOU J, IWATA M, et al. Contribution of salicylic acid glucosyltransferase, *OsSGT*1, to chemically induced disease resistance in rice plants[J]. Plant Journal,2009,57(3):463-472.

[175]DIAZ J, TEN HAVE A T, VAN KAN J A L. The role of ethylene and wound signaling in resistance of tomato to Botrytis cinerea[J]. Plant Physiology, 2002,129(3):1341-1351.

[176]YU M M, SHEN L, FAN B, et al. The effect of MeJA on ethylene biosynthesis and induced disease resistance to Botrytis cinerea in tomato[J]. Postharvest Biology and Technology,2009,54(3):153-158.

[177]DUBUIS PH, MARAZZI C, STADLER E, et al. Sulphur deficiency causes a reduction in antimicrobial potential and leads to increased disease susceptibility of oilseed rape[J]. Journal of Phytopathology,2005,153(1):27-36.

[178]KLIKOCKA H. Influence of NPK fertilization enriched with S, Mg, and micronutrients contained in liquid fertilizer Insol 7 on potato tubers yield (Solanum tuberosum L.) and infestation of tubers with Streptomyces scabies and Rhizoctonia solani[J]. Journal of Elementology,2009,14(2):271-288.

[179]RAUSCH T, WACHTER A. Sulfur metabolism: a versatile platform for launching defence operations[J]. Trends in Plant Science,2005,10(10): 503-509.

[180]KLUG K, HOGEKAMP C, SPECHT A, et al. Spatial gene expression analysis in tomato hypocotyls suggests cysteine as key precursor of vascular sulfur

accumulation implicated in Verticillium dahliae defense[J]. Physiologia Plantarum,2014,153(2):253-268.

[181]ROXAS V P, LODHI S A, GARRETT D K, et al. Stress tolerance in transgenic tobacco seedlings that overexpress glutathione S-transferase/glutathione peroxidase[J]. Plant & Cell Physiology,2000,41(11):1229-1234.

[182]LIEBERHERR D, WAGNER U, DUBUIS P H, et al. The rapid induction of glutathione S-transferases AtGSTF2 and AtGSTF6 by avirulent Pseudomonas syringae is the result of combined salicylic acid and ethylene signaling[J]. Plant and Cell Physiology,2003,44(7):750-757.

[183]GUO X L, WU Y R, WANG Y Q, et al. OsMSRA4. 1 and OsMSRB1. 1, two rice plastidial methionine sulfoxide reductases, are involved in abiotic stress responses[J]. Planta,2009,230(1):227-238.

[184]KUNSTMANN B, OSIEWACZ H D. Over-expression of an S-adenosylmethionine-dependent methyltransferase leads to an extended lifespan of Podospora anserina without impairments in vital functions[J]. Aging Cell,2009,7(5):651-662.

[185]DIXON R A. Natural products and plant disease resistance[J]. Nature,2001,411:843-847.

[186]SARDO C L. The biological role of fruit phenolics, sedentary behavior, and inflammation on colorectal neoplasia[D]. Elizabeth T. Jacobs : The University of Arizona,2013.

[187]陈伟,叶明志,周洁.植物酚类物质研究进展[J].福建农业大学学报,1997(4):119-125.

[188]方东鹏,靳立梅,董利东,等.野生大豆接种大豆疫霉菌后木质素含量的变化[J].大豆科学. 2015,34(1):99-102

[189]SHAO H B, CHU L Y, LU Z H,et al. Primary antioxidant free radical scavenging and redox signaling pathways in higher plant cells[J]. International Journal of Biological Sciences,2007,4(1):8-14.

[190]刘亚光,李海英,杨庆凯.大豆品种的抗病性与叶片内苯丙氨酸解氨酶活性关系的研究[J]. 大豆科学,2002,21(3):195-198.

[191]张江涛,段光明,于泽英. 苯丙氨酸解氨酶(PAL)与水稻抗稻瘟病的关系[J]. 植物生理学通讯. 1987(6):34-37.

[192]RODRIGUES F, JURICK W M, DATNOFF L E, et al. Silicon influences cytological and molecular events in compatible and incompatible rice-Magnaporthe grisea interactions[J]. Physiological & Molecular Plant Pathology, 2005,66(4):144-159.

[193]WANG M Y, WU C N, CHENG Z H, et al. Growth and physiological changes in continuously cropped eggplant (Solanum melongena L.) upon relay intercropping with garlic (Allium sativum L.)[J]. Frontiers in Plant Science,2015,6:262.

[194]SHI G R, CAI Q S, LIU Q Q, et al. Salicylic acid-mediated alleviation of cadmium toxicity in hemp plants in relation to cadmium uptake, photosynthesis, and antioxidant enzymes[J]. Acta Physiologiae Plantarum, 2009, 31 (5):969-977.

[195]CHARLES S B, LAN R B, JOHN W M. Localized changes in peroxidase activity accompany hydrogen peroxide genereation during the deveopment of a nonhost hypersensitive reaction in lettuce[J]. Plant Physiology, 1998, 118 (3):1067-1078.

[196]LIU H X, JIANG W B, BI Y,et al. Postharvest BTH treatment induces resistance of peach (Prunus persica L. cv. Jiubao) fruit to infection by Penicillium expansum and enhances activity of fruit defense mechanisms[J]. Postharvest Biology & Technology, 2005, 35(3):263-269.

[197]李忠光,杜朝昆,龚明. 在单一提取系统中同时测定植物 ASA/DHA 和 GSH/GSSG[J]. 云南师范大学学报(自然科学版),2002,22(6):44-67.

[198]KIM Y H, HWANG S J, WAQAS M, et al. Comparative analysis of endogenous hormones level in two soybean (Glycine max L.) lines differing in waterlogging tolerance[J]. Frontiers in Plant Science,2015,6:714.

[199]BHUIYAN N H, GOPALAN S, WEI Y D, et al. Role of lignification in plant defense[J]. Plant Signaling & Behavior,2009,4(2):158-159.

[200]REIMERS P J, LEACH J E. Race-specific resistance to Xanthomonas oryzae

pv. oryzae conferred by bacterial blight resistance gene Xa-10 in rice (Oryza sativa) involves accumulation of a lignin-like substance in host tissues[J]. Physiological & Molecular Plant Pathology,1991,38(1):39-55.

[201]卢国理,汤利,楚轶欧,等.单/间作条件下氮肥水平对水稻总酚和类黄酮的影响[J].植物营养与肥料学报,2008,14(6):1064-1069.

[202]TOMMASINO E, GRIFFA S, GRUNBERG K, et al. Malondialdehyde content as a potential biochemical indicator of tolerant Cenchrus ciliaris L. genotypes under heat stress treatment[J]. Grass & Forage Science,2012,67(3):456-459.

[203]苏世鸣,任丽轩,霍振华,等.西瓜与旱作水稻间作改善西瓜连作障碍及对土壤微生物区系的影响[J].中国农业科学,2008,41(3):704-712.

[204]APEL K, HIRT H. Reactive oxygen species:metabolism, oxidative stress, and signal transduction[J]. Annual Review of Plant Biology, 2004, 55:373-799.

[205]田国忠,李怀方,裘维蕃.植物过氧化物酶研究进展[J].武汉植物学研究,2001,19(4):332-344.

[206]杨艳芳,梁永超,娄运生,等.硅对小麦过氧化物酶,超氧化物歧化酶和木质素的影响及与抗白粉病的关系[J].中国农业科学,2003,36(7):813-817.

[207]梁琼,燕永亮,侯明生.不同玉米品种抗感MRDV与防御酶活性的关系[J].华中农业大学学报,2003,22(2):114-116.

[208]庄敬华,高增贵,杨长城,等.绿色木霉菌T23对黄瓜枯萎病防治效果及其几种防御酶活性的影响[J].植物病理学报,2005,35(2):179-183.

[209]RESENDE M L V, FLOOD J, RAMSDEN J D, et al. Novel phytoalexins including elemental sulfur in the resistance of cocoa (Theobroma cacao L.) to Verticillium wilt (Verticillium dahliae Kleb.)[J]. Physiological & Molecular Plant Pathology,1996,48(5):347-359.

[210]COOPER R M, RESENDE M L V, FLOOD J, et al. Detection and cellular localization of elemental sulfur in disease-resistant genotypes of Theobroma cacao[J]. Nature,1996,379:159-162.

［211］WILLIAMS J S, COOPER R M. Elemental sulphur is produced by diverse plant families as a component of defence against fungal and bacterial pathogens［J］. Physiological & Molecular Plant Pathology,2003,63(1):3-16.

［212］NOVO M, GAYOSO C M, POMAR F, et al. Sulphur accumulation after Verticillium dahliae infection of two pepper cultivars differing in degree of resistance［J］. Plant Pathology,2007,56(6):998-1004.

［213］BOLLIG K, SPECHT A, MYINT S S, et al. Sulphur supply impairs spread of Verticillium dahliae in tomato［J］. European Journal of Plant Pathology, 2013,135(1):81-96.

［214］KHALID A, TAHIR S, ARSHAD M, et al. Relative efficiency of rhizobacteria for auxin biosynthesis in rhizosphere and non-rhizosphere soils［J］. Australian Journal of Soil Research,2004,42(8):921-926.

［215］AE N, ARIHARA J, OKADA K, et al. Phosphorus uptake by pigeon pea and its role in cropping systems of the Indian subcontinent［J］. Science, 1990,248(4954):477-480.

［216］PATTEMORE J A. RNA extraction from cereal vegetative tissue［J］. Methods in Molecular Biology,2014,1099:17-21.

［217］鲁如坤.土壤农业化学分析方法［M］.北京:中国农业科技出版社,2000.

［218］LEUSTEK T, MARTIN M N, BICK J A, et al. Pathways and regulation of sulfur metabolism revealed through molecular and genetic studies［J］. Annual Review of Plant Biology,2000,51:141-165.

［219］NAOKO Y, ERI I, KAZUKI S, et al. Phloem-localizing sulfate transporter, Sultr1;3, mediates re-distribution of sulfur from source to sink organs in Arabidopsis［J］. Plant Physiology,2003,131(4):1511-1517.

［220］HOWARTH J R, PIERRE F, JEAN-CLAUDE D, et al. Cloning of two contrasting high-affinity sulfate transporters from tomato induced by low sulfate and infection by the vascular pathogen Verticillium dahliae［J］. Planta,2003, 218(1):58-64.

［221］DE GARA L, DE PINTO M C, TOMMASI F. The antioxidant systems vis-a-vis reactive oxygen species during plant-pathogen interaction［J］. Plant Physiology & Biochemistry,2003,41(10):863-870.

[222] Saito K. Regulation of sulfate transport and synthesis of sulfur-containing amino acids[J]. Current Opinion in Plant Biology,2000,3(3):188-195.

[223] LI H G, ZHANG F S, RENGEL Z, et al. Rhizosphere properties in monocropping and intercropping systems between faba bean (*Vicia faba L.*) and maize (*Zea mays L.*) grown in a calcareous soil[J]. Crop & Pasture Science,2013,64(10):976-984.